膝关节外骨骼机器人
设计与分析

XIGUANJIE WAIGUGE JIQIREN SHEJI YU FENXI

武瑞 著

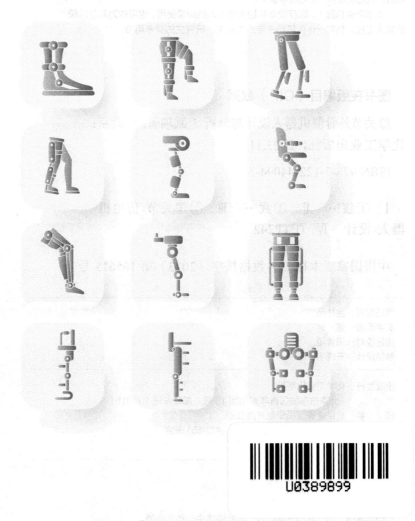

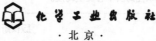

U0389899

化学工业出版社
·北京·

内容简介

本书基于人体膝关节的运动实验，总结了膝关节的运动特点和连杆综合的特点，进行了膝关节外骨骼的结构综合及根据综合轨迹进行了穿戴舒适性的评价分析。第 1 章对本书研究内容进行综述。第 2 章介绍膝关节外骨骼连杆综合连续曲线、时序路径综合方法、近似和精确统一综合方法的最新研究成果。第 3 章分析膝关节运动过程的错位原因，针对膝关节运动过程的功能进行外骨骼功能设计与综合。第 4 章在实现轨迹曲线综合连杆的基础上，基于图像聚集情况筛选得到能够实现不同速度的可重构 RRRRP 机构。第 5 章从选取的安全性、舒适性两个方面分析膝关节外骨骼的性能，计算理想柔性铰链下的轨迹，并且对比分析膝关节外骨骼与固定轴线外骨骼的人机交互力。本书内容系统实用，对膝关节外骨骼机器人的发展有一定的指导意义。

本书可供机器人、医疗设备等相关技术人员阅读使用，也可作为高等院校机器人工程、机电一体化等相关专业本科生、研究生的参考用书。

图书在版编目（CIP）数据

膝关节外骨骼机器人设计与分析 / 武瑞著. —北京：化学工业出版社，2023.11

ISBN 978-7-122-44094-5

Ⅰ. ①膝⋯　Ⅱ. ①武⋯　Ⅲ. ①膝关节-仿生机器人-设计　Ⅳ. ①TP242

中国国家版本馆 CIP 数据核字（2023）第 165615 号

责任编辑：金林茹
文字编辑：张　琳
责任校对：田睿涵
装帧设计：王晓宇

出版发行：化学工业出版社
　　　　　（北京市东城区青年湖南街 13 号　邮政编码 100011）
印　　装：北京盛通数码印刷有限公司
710mm×1000mm　1/16　印张 8¾　字数 151 千字
2023 年 11 月北京第 1 版第 1 次印刷

购书咨询：010-64518888
售后服务：010-64518899
网　　址：http://www.cip.com.cn
凡购买本书，如有缺损质量问题，本社销售中心负责调换。

定　价：98.00 元

外骨骼机器人（简称外骨骼）是智能机器人的典型代表之一，它可以实现人类智能与机器力量的结合，增强肌体的综合能力，缓解负重和长时间工作带来的疲劳。外骨骼机器人可以用于提升士兵在携带更多物资弹药及作业设备时的运动速度与灵活性，也可以用于工业、建筑业及抢险救灾等劳动强度较大且不便于机械化作业的场景中，帮助穿戴者减缓肌肉劳损和预防职业病。

下肢外骨骼机器人通过辅助装置与人体下肢并排连接，这需要下肢外骨骼机器人与穿戴者的下肢保持同步运动。由于膝关节的旋转轴线是变化的，而单铰链副的膝关节外骨骼旋转轴线是固定的，两者之间运动轨迹不能达到实时重合（也称为轴线错位）。轴线错位对穿戴下肢外骨骼有多方面的影响：一方面轴线错位的程度会随运动速度的增加而增加，并导致两者运动协调性变差以及人机交互力变大，甚至在绑缚装置的作用下会使穿戴者面临安全风险；另一方面穿戴者和外骨骼之间的轴线错位也会影响外骨骼的助力效率和穿戴舒适性。为此，本书基于平面四杆机构的连杆综合理论，提出一种可重构膝关节外骨骼结构设计方法，并对膝关节外骨骼的性能开展研究，主要内容如下：

（1）提出了一种四杆机构连杆轨迹综合方法，以满足膝关节外骨骼设计可变轴线结构的高效要求，为设计基于可重构机构的膝关节外骨骼奠定理论基础。目前连杆轨迹综合的主要困难在于轨迹综合方程是九元八次的非线性方程组。通过研究轨迹综合方程的参数关系和非线性方程的消元，得到一个独立的四元三次非线性方程组，使得求解方程组的难度降低，提高了求解效率。在连杆轨迹综合理论方面，还提出了一种时序路径的统一综合方法以及一种姿态点和路径点混合的综合方法。

（2）基于功能组合原理提出了一种可重构综合方法，并利用该方法得到一种膝关节外骨骼结构。利用视觉跟踪系统记录三种运动速度的膝关节轨迹，分别对不同速度的膝关节运动轨迹的实验数据进行轨迹综合。针对每一种运动轨迹，利用图谱法确定连杆参数分布范围，基于优化算法计算各参数的具体值并保留不同误差下的结果。建立不同结果对应参数组的轨迹综合方程，利用提出的解析法计算轨迹综合方程的全部解。方程全部解对应的是参数组的同源机构，这样就扩充了不同速度连杆参数的样本。基于图像法对不同速度下的连杆参数组进行组合和筛选，分析图像各参数的聚集情况，得到可重构膝关节外骨骼的结构参数，实现对应不同速度四杆机构的组合。在刚性可重构结构的基础上，对机构中的固定铰链进行柔性单元的置换设计，以减轻运动过程中的错位程度。

（3）提出了一种基于轴线错位计算的膝关节外骨骼穿戴安全性和舒适性的分析方法。将膝关节外骨骼的自由度和膝关节外骨骼的活动角度作为具体分析参数，与人体膝关节的活动范围对比，证明了外骨骼结构的安全性；通过计算膝关节外骨骼与膝关节之间的轨迹误差，得到不同速度下的平均错位距离为1.608mm。以人机交互力量化穿戴外骨骼结构本体后的舒适性，并通过沃伊特元件约束力公式计算人机交互力，结果表明可重构膝关节外骨骼的舒适性比单铰链副的膝关节外骨骼提高10.83倍。

本书是笔者在机构学与外骨骼领域研究成果的有机整合，研究内容受到山西省重点研发项目（201903D421051）、山西省研究生创新项目（批准号：2020BY090）、山西省自然科学基金项目（201801D221235）的资助，在此表示感谢！同时感谢中北大学李瑞琴教授对笔者科研工作的指导！

限于笔者水平，书中难免有疏漏和不妥之处，恳请读者和各位专家批评指正。

著者

目 录
CONTENTS

第1章

绪 论

1.1 本书内容的背景和意义

机器人的研发、制造、应用是国家高端制造业的重要组成部分，直接影响国家在全球化竞争中的整体实力。推动机器人的发展是深入实施制造强国战略的重要举措。机器人产业发展规划中指出，2035 年机器人将成为经济发展和人民生活的重要组成部分。在构建国内大循环为主体和国内国际双循环的贸易体系下，研究和发展机器人相关产业的经济和社会价值巨大。

外骨骼机器人（简称外骨骼）是机器人领域的重要分支。作为一种可穿戴机器人，外骨骼机器人是近年来人机协同一体化技术的重要组成部分。外骨骼机器人可以作为助力型工具，提供运动助力以及承载负荷功能，突破人体力量、速度以及耐力等方面的身体极限。外骨骼机器人的研究与发展对改善人员健康、提升特殊领域作业人员的作业能力及效率具有重要的意义。

外骨骼机器人是一种可穿戴的特殊机械装备，相比其它类型的机器人，在工作过程中与人的交互更为频繁，所以外骨骼机器人对结构设计的要求和难度更高。它需要使穿戴者负重能力和灵活性整体提升，设计结构时需要兼顾人体运动灵活性与舒适性。所以，优化外骨骼机械结构是改善人机协同性、提高穿戴舒适性的关键技术之一。

膝关节是下肢活动支撑关节之一，也是下肢灵活运动的前提。同样，对于下肢外骨骼来说，膝关节外骨骼的舒适性和灵活性影响着整个下肢外骨骼的舒适性和灵活性。同时，膝关节外骨骼的相关特性也会影响穿戴外骨骼的助力效率和舒适性。所以，提升膝关节外骨骼在运动过程中的舒适性和灵活性，对发展下肢外骨骼有着重要的意义。

1.2 外骨骼机器人的研究综述

外骨骼机器人是一类处于运动链中的交互机器人，被穿戴后辅助人类肢体实现某些功能[1-4]。外骨骼机器人被定义为一类辅助人类在特定情况下拥有超越人类自然力量或者能力的机器人[5,6]。根据这一功能性定义，外骨骼机器人的发展可以追溯至康奈尔航空研究室提出的操作者力量放大器这一外骨骼机器人最原始的概念。美国通用电气公司研制了最具有现代意义的全身外骨骼"哈迪曼1"，将最早对于外骨骼机器人的构想制作出样机[7]。哈迪曼外骨骼机器人采用电动液压驱动，避开了机械式液压驱动的稳定性问题。样机质量为 680kg，能够将手部力量放大 25 倍。哈迪曼外骨骼机器人在项目后期遇到了巨大的运动学问题，所以外骨骼机器人的操作模式由操作员步行转变为操作员乘坐，也就意味着哈迪曼外骨骼机器人需要一些额外辅助展示它的移动能力。这时的哈迪曼外骨骼机器人本身不具有移动能力。后来，随着增强人体机能的外骨骼项目的研究成果公布，外骨骼机器人引起了众多研究团队的关注。

随着更多研究团队研究的深入，外骨骼机器人的分类也更加细化。根据外骨骼的结构类型，可分为全身式外骨骼机器人、上肢外骨骼机器人、下肢外骨骼机器人。我们的主要概述对象是下肢外骨骼机器人和部分涉及下肢的全身式外骨骼机器人。近年来，随着外骨骼机器人的不断发展，下肢外骨骼机器人也进一步根据应用场景的不同而分化。以负重为主的典型代表是单兵外骨骼机器人，以轻型助力为主的是助老外骨骼机器人，还有部分应用于工业的负重下肢外骨骼机器人。

1.2.1 刚性外骨骼机器人

全身式外骨骼机器人的典型代表之一是美国雷神（Raytheon）旗下的萨克斯公司研制的 XOS-2 外骨骼［图 1-1（a）］。全身式外骨骼 XOS-2 共有 23 个主动助力，下肢的腿部助力有 6 个。XOS-2 从结构特点来看，与最早的哈迪曼外骨骼本体比较相似，不过 XOS 系列的外骨骼结构相对缩小了许多。此外，XOS系列仍然使用液压动力源驱动全身的 23 个主动助力关节，受试者穿戴 XOS-2外骨骼可以举起 84kg 的重物[8]。

受到增强人体机能外骨骼项目支持的加利福尼亚大学伯克利分校，设计了一种行走主动助力外骨骼 BLEEX[9,10]。根据外骨骼不同传感器的状态驱动关节，对外骨骼进行控制。BLEEX 的负重能力可达 75kg，移动速度达到 0.9m/s。BLEEX 的测量曲线与临床步态分析曲线不一致，表明 BLEEX 的运动学和动力学参数与人体不完全匹配，需要进一步改进。随后，Kazerooni 团队又研发了 ExoHiker 和 ExoClimber 以及 HULC 外骨骼[9,11]［图 1-1（b）］。洛克希德马丁公司在该系列的基础上推出了 Onyx 外骨骼［图 1-1（c）］，该外骨骼的主要设计目标是减轻膝关节和相关肌肉群的负担[12]。

麻省理工学院提出一款被动式外骨骼［图 1-1（d）］用于提高人体负重能力，由于外骨骼没有驱动器，在不含负载的情况下自重 11.7kg，并可以以 1m/s 的速度移动，负重达到了 36kg[13]。这一款被动式外骨骼仅采用储能弹簧和阻尼器来驱动外骨骼的各个关节。之后又提出一款轻量级欠驱动外骨骼，通过检测关节角度和地面接触力来控制电机驱动[14]。

(a) XOS-2外骨骼[8]

(b) HULC外骨骼[9,11]

(c) Onyx外骨骼[12]

(d) MIT外骨骼[14]

图 1-1　美国刚性外骨骼机器人

Collins 团队提出无动力踝关节助力外骨骼[15]，旨在减少人体在行走过程的能量消耗。在无额外动力源的情况下，踝关节外骨骼结构可以减少 7.6% 的能量消耗。2020 年，他们又提出一款有源和弹簧混合式的踝关节外骨骼，可以减少 14.6% 的能量消耗[16]。这些数据说明了发展和改善单关节外骨骼助力性能的重要性，使得更多的目光聚焦于外骨骼结构的作用以及改善单关节结构性能上[17-21]。

日本筑波大学团队研制的混合助力外骨骼 HAL 系列是全身式外骨骼。HAL 系列有多种侧重不同应用领域的外骨骼。HAL 系列采用伺服电机驱动各个关节，也有部分关节如踝关节采用的是被动方式。HAL 系列很好地展示了伺服电机驱动的优点和轻型助力的可行性。HAL 系列外骨骼通过多个传感器检测当前运动状态，并采用一些运动预测策略进行外骨骼的驱动。其中，HAL-3 的移动速度达到 1.1m/s，然而 HAL-3 的运动控制需要传感器对人体状态的感知，增加了控制的繁琐性。HAL-5 的结构布置相对于 HAL-3 的明显变化是膝关节驱动电机布置方式的改变，使得 HAL-5 的膝关节结构减小[22-24]。

俄罗斯的一款 EO-1 被动型外骨骼，用于帮助士兵保护关节和延缓疲劳。不采用任何控制系统，同时也没有驱动装置，结构简单耐用[25]。法国 RB3D 公司推出的"大力神"（Hercule）外骨骼用于增强人体的耐力和移动负重能力，进而提高士兵的作战持久力。Hercule 外骨骼自重为 25kg，可携带 100kg 负载。目前，已经推出了 V3 型 Hercule 外骨骼，可以在 10°倾斜的路面行走和上下楼梯。此外，还有许多国家开始研发外骨骼机器人，如澳大利亚"OS"（2015）以及韩国 HEXAR等。奥尔堡大学 Bai 等提出一款 FB-AXO 全身外骨骼，由下半身子系统和上半身子系统组成，FB-AXO 外骨骼有 27 个自由度，其中 10 个是主动自由度，外骨骼自重为 25kg，可以实现正常行走、站立、弯曲以及执行搬运任务[26]。

以上提到的几种刚性外骨骼机器人如图 1-2 所示。

(a) HAL-5外骨骼[23]　　(b) EO-1外骨骼[25]　　(c) Hercule外骨骼[27]　　(d) FB-AXO外骨骼[26]

图 1-2　其它国家的刚性外骨骼机器人

国内在外骨骼机器人方面的研究和应用都比较迅速。经过 20 多年的发展，许多高校研究团队、研究所和公司开始了不同程度和方向的研究。合肥智能机械研究所提出一种下肢助力外骨骼，单腿具有 8 个自由度，在脚趾处增加了 1个额外的自由度，与 BLEEX 的 7 自由度不同的是脚底的接触面积增大。这一款外骨骼，在关节角度传感器和接触力传感器的基础上，增加了足底力传感器来检测人体运动状态。外骨骼整体结构采用经典的与人体并联的布置方式，并通过在大腿和小腿处建立约束保持与人体的同步运动[28]。另外，浙江大学提出的一种外骨骼机器人也是与人体并联的刚性结构，采用了气动的方式驱动各个关节的运动，基于五杆机构对力矩的反馈控制研究，降低了由于轨迹不重合造成交互力过高对使用者的影响[29]。

海军航空工程学院的外骨骼机器人机械结构采用与人体并联的布局设置，同时使用气弹簧作为支撑机构，能够跟踪人体的行走和转体等动作。第二代样机采用柔性拉索驱动，使穿戴外骨骼拥有更加自由的活动空间，这样的结构能够跟踪更多的运动状态。同时，第二代样机的移动速度可以达到 1m/s。之后，研制的第三代样机在结构上做了许多静态结构改进和生物力学设计，质量为 21.2kg，并且移动速度达到 1m/s，也能跟踪更多的运动状态，如屈膝、侧踹、匍匐前进等[30]。

哈尔滨工业大学研制的下肢外骨骼采用经典的与人体骨骼并联的方式布置，共有 6 个自由度[31]。哈尔滨龙海特机器人科技有限公司研制的助力机器人可以实现跳跃[32]。此外，2019 年，中国兵器工业第 208 研究所研制的单兵助力外骨骼机器人的负重达到 45kg，移动速度达到 1.6m/s，目前，主要供弹药搬运和医务兵短距离搬运使用[33]。

2020 年，清华大学和南方科技大学研究团队提出了一款 SuperLimb 外骨骼[34]，该外骨骼的支撑装置不与人体并联而独立于人体，形成额外的独立机械腿来将负重转移到地面，进而达到减轻负重的效果。外骨骼有两个刚性的机械腿，每个单腿有 4 个自由度。实验结果表明，该外骨骼能跟踪人体步态，可以有效地减轻负重，可使人体承受的载荷平均减轻 55.8%。这样的结构设计为其它下肢外骨骼机器人的设计提供了一个新的视角。傲鲨智能的 HEMS-GS 下肢助力外骨骼机器人，有 12 个自由度，采用电动驱动。HEMS-GS 下肢助力外骨骼机器人重 16kg，可以携带 40～50kg 有效载荷，能够以 0.7m/s 的速度前行[35]。2020 年，华中科技大学熊蔡华团队研究出了多关节无动力外骨骼，可以减少步行的 8.6% 的能量消耗。虽然无动力外骨骼的助力效率不高，但不受动力源的限制，而且无动力外骨骼已经小批量在一些部队使用[36,37]，充分显示了无动力外骨骼的应用潜力和结构设计的重要性。

以上提到的几种刚性外骨骼机器人如图 1-3 所示。

(a) 哈尔滨工业大学的
外骨骼[31]　　　(b) 单兵助力外骨骼[33]　　(c) SuperLimb外骨骼[34]　　(d) HEMS-GS下肢助力
外骨骼[35]

图 1-3　刚性外骨骼机器人

目前，刚性外骨骼机器人穿戴不舒适成为制约下肢助力外骨骼机器人发展的重要因素，其中刚性外骨骼机器人步态轨迹与人体行走运动轨迹的不一致是导致穿戴不舒适的重要原因，进一步研究轨迹合成理论对下肢助力外骨骼机器人发展起着关键作用。

1.2.2 柔性外骨骼机器人

在外骨骼机器人定义框架下，柔性外骨骼也是其中的一种。柔性外骨骼主要包含两类：一类是驱动方式只有柔性驱动，如绳驱动、被动弹簧驱动、柔顺结构驱动、气动肌肉驱动等；另一类是运动结构中的全部或者部分构件能实现柔性变形。

哈佛大学 Walsh 团队研究了多代柔性外骨骼助力服，包括单关节[38]和多关节[39]的柔性外骨骼助力服[40]。2017 年，Walsh 等提出了一种髋关节柔性外骨骼，并在跑步机进行 1.5m/s 和 2.5m/s 速度的运动实验，发现髋关节柔性外骨骼分别可以帮助代谢率降低 9.3%和 4.0%[41]。实验显示髋关节柔性外骨骼在不同运动速度下助力性能有较强的适应性，但也发现外骨骼对于不同速度的助力性能并不相同。基于多关节柔性外骨骼在 1.5m/s 速度实验提取的踝关节的受力，调节对每一名受试者助力的控制参数，实验结果显示穿戴柔性外骨骼代谢率降低14.88%±1.09%[42]。

卡内基梅隆大学 Collins 团队提出一款被动式外骨骼，采用弹簧储存部分重力势能，减少运动能量的消耗，实验验证可降低穿戴者 7.2%±2.6%的运动代谢[15]。2020 年，Witte 等提出一种柔性踝关节外骨骼，可以减少 14.6%±7.7%的能量消耗，而无动力的外骨骼代谢率提高 11.1%±2.8%[16]。瑞士苏黎世联邦理工学院 Riener 团队[43-47]提出一款 Myosuit 柔性下肢外骨骼机器人系统。Myosuit 的总质量为 4.56kg，可通过关节间的协同增强效应为髋、膝关节提供连续助力。实验结果表明，该系统可为穿戴者提供约 26%的膝关节力矩，相当于 0.4W/kg。目前，Myosuit 柔性下肢外骨骼机器人系统已被公司商业化拥有[46]。

2018 年，欧盟提出一款柔性仿生外骨骼 XoSoft[48]。XoSoft 采用模块化设计，可以根据需要穿戴髋、膝、踝关节部件实现关节的伸屈助力。该系统的质量为2.68kg，在助力方面可为穿戴者髋、膝关节分别提供相对自然功率 10.9%±2.2%与 9.3%±3.5%的助力，最终可降低穿戴者 10%～20%的能量消耗。

国内也有许多团队开展了对柔性外骨骼的研究。中国科学院大学陈春杰[49]提出一种面向老年人的柔性传动助力外骨骼，采用主动和被动相结合的方式进行驱动，并基于多传感相融合结合不同步态信息进行控制。东南大学王兴松团队开发了一种基于双向鲍登线驱动的外骨骼机器人系统，用来为膝关节屈曲与伸展运动提供助力，并通过收缩鲍登线来传递拉力。该系统通过双套索实现柔性传动，并将驱动电机放置于穿戴者腰部以降低运动惯量与人体运动耗能。系统不含传动部分的总质量为 2.1kg，可使穿戴者助力侧降低 42.3% 的活跃度，但未助力侧会上升 42.0% 的活跃度[50-52]。哈尔滨工业大学高永生团队 2018 年提出了一种基于绳-滑轮机构的欠驱动下肢外骨骼系统，采用鲍登线传动并通过滑轮机构实现人体关节的旋转助力，该系统总质量为 8.6kg，使穿戴者心率平均下降 10beat/min。柔性外骨骼主要解决了刚性外骨骼的柔顺性和舒适度问题，而且应用场景多是轻型的助力[51,53,54]。

以上提到的几种柔性外骨骼机器人如图 1-4 所示。

(a) 多关节柔性外骨骼　　(b) 柔性外骨骼助力服[40]　　(c) XoSoft外骨骼[48]　　(d) 中国科学院大学柔性
　助力服[39]　　　　　　　　　　　　　　　　　　　　　　　　　　　　　传动助力外骨骼[49]

图 1-4　柔性外骨骼机器人

1.2.3　膝关节外骨骼机器人

膝关节是人体最复杂、最大的关节之一，人体的步行和站立等多种肢体运动都离不开膝关节的支撑[55-57]。目前，膝关节外骨骼被作为一个单自由度的机构，出现了运动过程错位、运动不协调等问题，有必要进一步研究膝关节外骨骼的结构[58-64]。膝关节是一个典型的滑膜关节，膝关节旋转轴线在伸展过程中不断以特定轨迹变化，所以很难与膝关节外骨骼转动副关节轴线实时对齐。运动轨迹不重合或者运动时的旋转轴线不重合的现象，也称为轴线错位[65-67]。轴线错位包含两部分内容：由于身高差异穿戴外骨骼后，在静止状态外骨骼旋转轴线和关节旋转轴线不重合；在穿戴外骨骼的初始静止状态重合，但在运动过程中不重合。

针对静止时轴线错位问题，许多专家进行了广泛的研究。主要措施是增加膝关节的自由度，使外骨骼的关节初始位置可以调节。Stienen 等[68]对膝关节运动进行解耦，将膝关节的运动转化成平移和旋转的复合运动。这样的解耦可以用于康复外骨骼，对于助力外骨骼，它的结构有些复杂而不利于降低自重。

Cempini 等[69]基于静力分析设计了自对准机构。Schorsch[70]提出了一种解耦方法，得到一种平面可调助力的外骨骼膝关节机构。膝关节位置可调节的外骨骼可以针对不同穿戴者进行调节，使得初始位置的外骨骼关节与人体关节轴线重合。另一种关节中心浮动造成的关节错位没有被较好地解决，因为目前使用的铰链副关节轴线固定。轴线可变的机构综合是外骨骼技术发展对机构学提出的新的挑战。Niu[61]提出了一种柔性五杆并联机构，具有自动调整转动中心的能力。Singh[71,72]基于人自然步态下髋关节的轨迹点合成了外骨骼机构，这样的研究给了我们更多的启发。美国犹他大学 Sarkisian 团队[64]在 2021 年提出了一种轻量紧凑的自对准机构，增加膝关节外骨骼机器人的对准机制，使舒适性提高了15.3%，并且助力性能提高了 38%。Seth 等[73]进行了肌肉骨骼动力学的研究，这为进一步研究膝关节轨迹提供了数据支撑。

有学者从自由度的角度分析人-机闭链的运动系统，提出使用柔性关节解决人机运动不协调或者不相容问题。从轨迹运动这一角度研究，这是典型的两者轨迹运动误差太大引起的问题。印度马尼帕尔大学 Singh 团队[72]在 2019 年利用平面四杆机构设计了一种膝关节外骨骼，验证了旋转运动过程中轴线可变。韩国首尔国立大学 Park 团队[47,74]开发了一套柔性膝关节外骨骼。外骨骼主体由纺织布袋构成，电机通过鲍登线连接并驱动关节运动达到助力目的。这一款外骨骼的助力原理更多地是缓解肌肉运动过程的能量消耗，不对骨骼提供额外支撑作用，可以看作是一款轻型的膝关节外骨骼。

卡内基梅隆大学 Collins 等提出一款绳索驱动外骨骼，质量只有 0.76kg，由两个马达驱动。该设备可以测量关节角度和施加扭矩，用于辅助康复人体运动[75]。瑞士苏黎世联邦理工学院 Gassert 团队[62,76]分别在 2017 年和 2021 年报道了两项关于膝关节外骨骼的研究，分别研究了机构柔顺性对于外骨骼在运动过程中碰撞和内力减少的影响。可变刚度的膝关节外骨骼设计使受力峰值从260.2N·m 减少到了 116.2N·m，同时计算的机械冲量减少了 1/3 左右。

2018 年，日本东北大学 Chaichaowarat 等[77]研究了一种无动力膝关节外骨骼，可以帮助在骑自行车时减少 8.0%的能量消耗。日本中央大学提出一种膝关节外骨骼助力服，采用气动肌肉作为动力源驱动关节运动[78]。外骨骼实验表明，该套外骨骼不仅能够为膝关节提供助力，还能在提升重物时起到一定程度的支撑作用。清华大学和南方科技大学研究团队提出一款准被动下肢外骨骼辅助踝关节和膝关节，外骨骼有一个扭转弹簧吸收和释放能量，帮助行走和跑步[79]。

以上提到的几种膝关节外骨骼机器人如图 1-5 所示。

(a) 卡内基梅隆大学的
膝关节外骨骼[75]　　(b) 苏黎世联邦理工学院
的膝关节外骨骼[76]　　(c) 日本东北大学的
膝关节外骨骼[77]　　(d) 清华大学的外骨骼[79]

图 1-5　膝关节外骨骼机器人

此外，这些外骨骼的发展都在不断拓展和丰富着外骨骼的定义和内涵，也使得外骨骼不断地向更加实用、好用、耐用的方向发展。除了关注膝关节外骨骼本身结构发展和柔性外骨骼的发展，机构学理论的发展对膝关节外骨骼发展也发挥了重要作用。

1.3　机构综合的研究综述

机构是外骨骼机器人实现既定功能的骨架和执行装置，同时也是实现助力功能或者实现负重行走的骨架装置。外骨骼机器人一个典型的问题就是人机配合不协调或者人机相容性较差，这是一个多方面原因产生的结果。从不同的学科和专业背景看待这样一个实际科学问题会有不同的解决方案。目前，给出的方案是建立更加智能的控制方式，以及人机共融的控制策略。从机构设计的角度看，设计人机相容性更好的机构将是解决外骨骼这一问题有效的方案。

1.3.1　可重构机构综合

随着机器人、航空航天等多个领域对机构设计多模式、多功能需求的出现，可重构机构的研究进入高潮[80,81]。可重构机构的内涵也不断丰富，从拓扑结构可变、自由度可变、活动度可变到形态可变等内容的研究成果不断涌现。

机构的可重构综合方法主要分为几种。一种可重构方法是通过可重构关节实现，当机构含有一个或者多个可重构关节并变换关节的构态时，机构的活动度或者拓扑结构就会相应变化。另一种是通过特殊的空间机构变化不同运动姿态实现机构拓扑和活动度的改变，例如，机构在运动过程中会发生结构对称和轴线垂直，往往这样的空间机构分析难度较大，在不同运动姿态下需要仔细计算机构当前的活动度。当活动度改变时就是一种不同的形态，需要分析机构在该点的拓扑变化情况。

可重构机构综合方法与传统机构综合区别较大，传统的机构综合方法并不能直接应用于可重构机构的综合中。李端玲等[82]基于拓扑结构学提出了变胞机构的综合算法。Valsamos 等[83]利用模块化变胞机构，提出了操作臂的结构拓扑运动学综合方法。Wei 和 Dai[84]利用替换的方法进行可重构机构的综合设计，用可重构铰链置换普通铰链完成可重构机构的综合设计。Chai 和 Dai[85]利用组合的方法进行可重构机构的综合设计，即将多个不同机构的部分按照一定规则组合，从而完成可重构机构的综合设计。López-Custodio 等[86]利用特定的末端构件空间曲面的特殊性，将不同运动支链进行组合得到可重构机构。

可重构机构的应用也随着理论研究的深入更加广泛。丁希仑等[87]提出一种变机构的轮腿式机器人，可借助于变形机身进行自身形态的变化以适应不同地形环境。潘宇晨等[88]提出一种装载机构，利用单台电机驱动完成了原需两自由度才能完成的工作任务，节约了能源并降低了维护成本。赵欣等[89]利用变胞机构设计了四足变胞爬行机器人，腰部构态可变，提升了机器人的灵活性和环境的适应性。郭旺旺等[90]基于可重构原理提出一种用于康复的可重构机构，可以根据康复不同部位锁定和改变机构运动方式，达到一套机构适应多种任务需求的目的。张硕等[91]基于可重构原理提出一种应用于农田的形态可重构机器人，可以通过形态转换装置切换轮式和履带式两种模式，以适应崎岖地形。可重构机器人结构如图 1-6 所示。

(a) 变机构的轮腿式机器人[87]　　(b) 四足变胞爬行机器人[89]　　(c) 形态可重构机器人[91]

图 1-6　可重构机器人结构

1.3.2　四杆机构综合

外骨骼机器人的结构发展动力是机构学的发展。随着时代的发展，对于机构综合的要求也不断趋于复杂。平面四杆机构是机构学一种典型的代表机构。连杆轨迹综合是机构学经典的问题而被广泛地研究。轨迹生成理论专门研究如何生成预期的机构轨迹，旨在给出构件上某个点能够实现预期轨迹的方法，它在产品创新中所起的作用举足轻重。因此，机构轨迹生成理论无论在学术研究还是在工程应用中都颇有价值。

平面连杆轨迹综合主要研究通过多个离散点或者连续轨迹曲线求解连杆几何参数的问题。连杆轨迹综合问题根据求解对象的性质可以分为两类分别求解：一类为已知连续轨迹曲线，或者轨迹的函数表达式，求解连杆几何参数；另一类为已知离散点求解连杆几何参数，其中又根据离散点为路径点、姿态点或者两者都有的混合问题对应不同的求解方法。

连续轨迹曲线（连杆曲线）综合连杆参数的难点在于综合方程的超确定性。四杆机构的连杆曲线方程是 15 项的六次方程，该问题的求解多是利用代数方程（确切地说是六次方程）求出给定的连杆曲线的连杆参数[92-94]，精确综合的主要难点是找出所有的连杆参数。由于四杆机构的连杆曲线方程是一个包含 15 项的六次方程，而设计参数只有 9 个，因此，综合问题的方程被认为是超定方程，没有解析解。Bai 提出了具有 7 个连杆参数的 7 个方程，并证明了其精确解的存在。通过解析法和图解法的结合得到了三组机构的解，即所谓的同源机构[95-97]。与原方程组的 9 个参数相比，该方法使用了一个更小的而且只有 7 个参数的方程组。

另一种连杆曲线综合方法是基于傅里叶级数分量的连杆参数查找方法，建立了傅里叶级数分量与连杆曲线之间的关系[98,99]。然而，这种方法不是一种精确综合的方法，因为数值解不是从一个确定的方程组得到的，所以它的解是近似的。Wu 和 Bai 等[100,101]提出了 4 个连杆参数的 4 个综合方程组，通过完全解析法得到了四杆机构的同源机构，而且求解时间只有十几秒。Bai[102]化简了四个合成方程，得到一个一元九次的合成方程，将连杆曲线方程的求解时间控制在几秒之内。

时序路径综合是求解一组给定输入角度的路径点对应连杆参数的问题[103,104]。与连杆曲线综合相比，路径生成是连杆综合中一个具有挑战性的问题。对于平面机构，精确时序路径综合问题，也被认为是运动生成的扩展问题。一般的求解方法是根据切比雪夫定理的推论将其转化为运动综合问题，这样转化后求解难度有效降低，但需要熟练地掌握切比雪夫定理以及推论。对于近似时序路径综合问题，多数文献把它作为一类路径生成问题，使用优化的方法找到一个"最优解"。图谱法是从图谱中找到与期望实现轨迹近似的连杆曲线，从而确定机构参数[105]。连杆综合问题的一般求解步骤是建立运动学综合方程和求解运动学综合方程。

对于平面四杆机构，经典的双杆法基于杆长不变的条件建立模型和推导综合方程组，也有使用环路单元，利用矢量法建立运动学综合方程。不同的方法建立的运动学综合方程，求解难度一般不同，但运动学综合方程一般是非线性方程组。为了求解非线性方程组引进了许多数学方法，如牛顿迭代法、优化法、拉格朗日差分法、傅里叶变换法、消元法、连续法等[106-108]。牛顿迭代法求解非线性方程问题最为经典，但每一次迭代需要输入初值。拉格朗日差分法、傅里叶变换法两种方法本质上是找到综合问题的近似解。进化算法是求解非线性方程组使用频率较高的，它以较少的计算花费获得结果[109,110]。然而，这种方法需要在计算中保证收敛，增加了一些问题的求解难度[97,111]。Liu 等[107]基于连续法求解了平面四杆机构的运动学近似合成。Sleesongsom 等[92]研究了基于自适应种群法的问题，该方法本质上是一种近似综合。布尔梅斯特使用相同的作图方法，求解四个和五个位置的综合问题[112]。将五个位置的综合问题分成若干组四个位置的综合问题，利用四个位置的综合作图方法求得最终结果。Bai[113]构建了斯蒂芬森连杆机构尺寸综合的统一公式。Wu 和 Li[114]等将近似和精确的时序路径综合问题进行统一，有效地降低了综合难度。

混合综合问题是求解一组混合有路径点和姿态点所对应连杆参数的问题。一般来说，平面四杆机构可以精确跟踪 5 个姿态点或 9 个路径点[115,116]。运动学问题可以分为三类，它们可以由三种不同的方法来解决，运动、路径和函数生成是三种已被广泛研究的连杆综合问题。Bai 等[117]研究了一种单自由度十杆机构，可以跟踪 10 个精确位置。在上述三种连杆综合问题中，四杆机构的路径生成是最具挑战性的问题[106,118]，因为路径综合方程的复杂性。大多数路径综合的研究都采用布尔梅斯特理论的离散化方法。通过这种方法从给定的一组离散的点或者从给定的连续路径中提取形成轨迹数据，就可以找到连杆参数以满足给定路径上的离散点集。利用给定路径、函数或相应运动的有限离散采样数据集，考虑连杆参数的有限离散性质，理论上可以合成连杆几何参数。

为了求解这类方程[111]，尝试了各种方法，如同伦法、进化算法和傅里叶算法[106,110]。这些方法涵盖了大多数运动综合问题，没有包含混合综合问题。Tong[119]等提出将此类混合综合问题命名为布尔梅斯特的变形问题，并将几何约束规划（GCP）和综合方程的数值解相结合来解决此类问题。Brake 等[120]使用数值代数几何方法研究了 $2M+N \leqslant 10$（M 个位姿，N 个路径点）情况下所有具有有限解的布尔梅斯特变形问题，一般情况下每个解集的维数为 $0 \sim 8$。Zimmerman 等[121]提出了一种解决混合综合问题的图形化方法。Sharma 等[122]提出了一种基于傅里叶近似的解析方法来处理混合综合问题，其中闭环方程的谐波分解表示了方向和路径之间的解析关系。然后，将路径点转换为一个反向位置，得到运动综合问题的参数。Wu 和 Li 等[121]利用圆锥曲线筛选算法研究了混合综合问题。利用在邻域范围内圆锥曲线和连杆曲线相似的性质，将混合综合问题快速筛选变形为运动综合问题，然后得到求解问题的连杆参数。

1.4　当前发展存在的问题

外骨骼的结构设计有几个方面制约着外骨骼结构的发展：

① 刚性外骨骼结构设计是对自由度的构型综合与分析，没有考虑人体在运动时各个关节的轨迹情况和关节轴线特性。人体膝关节的关节中心运动是滑动和滚动的复合运动，刚性外骨骼的膝关节多设计为旋转副，这样就存在膝关节外骨骼与人体膝关节在运动过程中运动轨迹不一致（也称轴线错位）。两者的轴线错位使得人机交互过程中的人机交互力较大，影响外骨骼机器人的穿戴舒适性。

② 缺少能够适应不同速度运动以及基于运动功能的外骨骼结构综合方法研究。多数刚性外骨骼的设计运动速度低于1.5m/s，能适应一些较低运动速度的场景，对于在更高速度运动时膝关节运动轨迹特点的研究较为欠缺。另外，针对单一速度功能的综合方法（连杆尺度综合方法），在求解效率方面还可以进一步提升，进而支持多种速度综合方法的研究。同时，对外骨骼结构适应高速运行机理的研究也较为欠缺，这样的欠缺制约着外骨骼的应用和发展。

③ 缺乏基于运动轨迹对外骨骼穿戴后运动性能的分析指标。外骨骼舒适性分析指标的缺少，不利于外骨骼的持续分析改进。外骨骼的舒适性一般通过样机实验测试相关受力数据，不利于缩短外骨骼产品的迭代研发周期。对于外骨骼的灵活性评价比较广泛，不同应用类型的外骨骼运动评价指标有许多，但直接反映人机交互和舒适性的分析指标研究较少。

1.5　本书主要内容及章节安排

1.5.1　本书主要内容

① 连杆机构轨迹曲线的综合方法介绍。连杆机构的轨迹曲线方程是复杂非线性方程，对平面四杆机构的轨迹曲线综合进行研究可以为膝关节外骨骼机构在重构综合时提供高效的算法。平面四杆机构的轨迹曲线方程是一组九元八次方程，研究方程系数与连杆轨迹曲线对应的连杆几何参数的关系，使求解连杆轨迹曲线更为高效精确。研究多个离散点综合，可以更好地求解膝关节运动离散点对应的连杆几何参数。

② 基于三种速度轨迹设计可重构膝关节外骨骼。使用运动捕捉系统，进行三种速度模式下的行走-跑步实验。基于实验数据拟合膝关节运动轨迹，对不同速度的轨迹进行连杆机构的轨迹综合。为了适应膝关节运动时的轴线变化，将

膝关节的平面旋转副转化为一组平面四杆机构。同时，为了适应不同速度对于结构的要求，将不同特性的平面四杆机构进行重构，降低更高速度运动时轴线错位的程度和人机交互力。针对膝关节内旋/外旋功能的实现，同时也增加膝关节外骨骼的舒适性，对可重构结构部分构件进行了柔性单元设计。

③ 基于运动轨迹分析对膝关节外骨骼结构进行性能评估，分别从穿戴安全性和穿戴舒适性评价穿戴后的膝关节外骨骼性能。在穿戴的安全性方面，主要计算穿戴前后的自由度以及在穿戴后关节运动大小的安全性。在穿戴舒适性方面，主要计算在多个状态下的轴线错位，包括机构的两个构态变换过程的轴线错位、三种不同速度下对应的轴线错位情况和加入柔性单元的轴线错位情况，之后计算了人机交互力以及与轴线固定的膝关节外骨骼进行了对比。

1.5.2 章节安排

第 2 章膝关节外骨骼综合方法。介绍了多项式消元数学理论，之后分三个方面说明了连杆机构综合取得的进展。首先是连杆曲线的综合理论，这是一种对连续曲线进行综合的方法，给定连杆机构的轨迹曲线方程去求解对应的连杆参数。其次是对离散点的综合，给出已知综合条件含输入杆的角度的时序路径综合方法。统一的综合方法给出了针对近似综合和精确综合不同问题的统一的框架方法。当给出的已知条件是包含路径点和姿态点的混合条件时，提出了圆锥曲线筛选算法，使得混合综合算法能够高效率地求解混合综合问题。最后，给出了膝关节外骨骼的综合方法。

第 3 章膝关节外骨骼的尺度综合。首先分析膝关节运动过程的功能以及错位原因，针对膝关节运动过程的功能进行外骨骼功能设计。基于红外运动捕捉系统搭建了不同速度膝关节轨迹采集实验平台，采集了三种速度下膝关节的运动轨迹，并对膝关节采集的点云进行了拟合。根据拟合曲线找出了用于综合的目标点，建立了目标点综合模型、约束函数和目标函数。根据不同目标点进行综合，求解了对应于不同速度的连杆几何参数。

第 4 章膝关节外骨骼的可重构设计。在实现了不同速度轨迹曲线综合连杆的基础上，使用连杆曲线综合方法扩充了连杆重构样本。基于图像聚集情况不断筛选连杆参数组合，得到了能够实现不同速度的可重构 RRRRP 机构。基于膝关节功能和舒适性的分析，在可重构机构的基础上进行了柔性单元设计，使得膝关节机构能实现内旋/外旋的小范围运动，以保证穿戴膝关节外骨骼后的灵活性和舒适性。

第 5 章膝关节外骨骼的性能分析。首先对分析指标之间的区别和联系进行了分析，然后说明分析指标的基本选取原则。从选取的安全性、舒适性两个方面分析膝关节外骨骼的性能。安全性方面主要分析膝关节外骨骼在运动过程的自由度、运动的角度范围，并基于样机模型进行验证。舒适性主要分析了轴线错位和人机交互力。轴线错位方面分析包括机构样机模型在 RRRRP 形态下的两个运动范围的轨迹，在移动副（P 副）锁定的情况下变为 RRRR 机构的三种速度轨迹。最后，计算了理想柔性铰链下的轨迹，并且对比分析了膝关节外骨骼与固定轴线外骨骼的人机交互力。

本书的章节安排如图 1-7 所示。

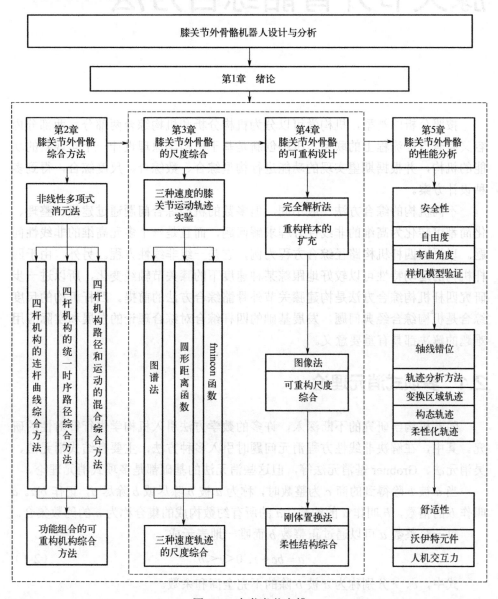

图 1-7　本书章节安排

第2章

膝关节外骨骼综合方法

按照分析的类型，机构学可以分为机构分析和机构综合两部分，两部分内容又有着设计流程上的联系。机构创新是基于机构学原理设计一个实现新的功能的机构，并根据期望实现的功能进行构型综合、数综合、尺度综合，得到多种设计方案。

不同机构的综合方法一般不同，但多数的机构综合问题通过建模、整理、化简都可转化为高维的非线性方程求解问题，而且是一个多元高维的非线性问题。以平面四杆机构路径综合方程为例，它是一组非线性方程。另外，由于四杆机构的运动特性可以较好地跟踪某种速度下的膝关节轴线变化，所以进一步研究四杆机构综合方法是构建膝关节外骨骼综合方法的前提。四杆机构的尺度综合是机构综合经典问题，发展基础的四杆综合对综合理论的发展和实际应用难题的解决都具有重要意义。

2.1 多项式消元理论

随着机构学研究的不断深入，许多的数学方法引入机构学进行针对性的研究。其中，在解决非线性方程消元问题时引入多种方法，主要有结式消元法、吴消元法、Grobner基消元法等，但这些消元法的基础都是多项式消元理论。

当 a 被 b 除得到的商 c 为整数时，称为 a 被 b 除尽或 b 除尽 a，记作 $b|a$。a 叫作 b 的倍数，b 叫作 a 的约数。a 的所有约数构成的集合称为 a 的约数集合。

每一个整数 a 可以通过正整数 b 而唯一地表示成

$$a = bc + r, \ 0 < r < b \tag{2-1}$$

式中，c、r 分别称为 a 被 b 除的不完全商和余数。

按式（2-1）可以写出一系列等式

$$\begin{cases} a = bc_0 + r_1, 0 < r_1 < b \\ b = r_1 c_1 + r_2, 0 < r_2 < r_1 \\ r_1 = r_2 c_2 + r_3, 0 < r_3 < r_2 \\ \qquad \cdots \\ r_{n-2} = r_{n-1} c_{n-1} + r_n, 0 < r_n < r_{n-1} \\ r_{n-1} = r_n c_n \end{cases} \tag{2-2}$$

这串等式必可以做到 $r_{n+1} = 0$ 而终止，因为余数 r_1，r_2，$\cdots$，r_n 是小于 b 的递减正整数列，其中 n 不会大于 b，该式又称为辗转相除法。

2.2　连杆曲线综合

连杆尺度综合是机构设计的重要组成部分。路径综合从研究对象上分为两类问题：离散点综合和连续路径（连杆曲线）综合。平面四杆机构最多能够精确通过 9 个离散点，对于离散点综合问题，当离散点小于 9 个时，自选部分参数，化简综合方程得到结果；当等于 9 个点时，使用连续的方法求解综合方程；当大于 9 个点时一般使用优化法得到综合结果。精确连杆路径综合的研究较为困难，难点在于连杆曲线方程是一个超定方程组，有 15 个系数方程而只有 9 个变量。本章提出了一种完全解析的方法求解路径综合方程，利用得出的结论可以求解连续路径综合方程，提高了求解效率，为膝关节综合奠定了基础。

2.2.1　建立模型

如图 2-1 所示，是一个典型的平面铰链四杆机构，坐标系是 O-XY，X 轴平行于 BC。动坐标系记作 P-xy，原点在点 P，x 轴平行于直线 AD，在动坐标系中 A 和 D 的坐标分别是 $A(-m,-h)$、$D(l_3-m,-h)$。连杆曲线 Γ 的坐标点记作 $\Gamma(x,y)$。

平面铰链四杆机构包含九个独立参数，即 m、h、b_1、b_2、c_1、c_2、l_2、l_3 和 l_4。其中，点 B 和点 C 的坐标分别是 $B(b_1,b_2)$ 和 $C(c_1,c_2)$。当四杆机构转动时，连杆上点 P 的轨迹形成一条连续的曲线 Γ。

基于布尔梅斯特理论，可以得到连杆曲线方程。假设所有的连杆都是刚体，那么对于连杆 AB 可以得到以下方程

$$\|(\boldsymbol{r} - \boldsymbol{b}) + \boldsymbol{Q}\boldsymbol{a}\|^2 = l_2^2 \tag{2-3}$$

式中，$\boldsymbol{b}$ 为坐标原点到 B 之间的向量；

$$\boldsymbol{Q} = \begin{bmatrix} \cos\theta & \sin\theta \\ -\sin\theta & \cos\theta \end{bmatrix} = \cos\theta \begin{bmatrix} 1 & 0 \\ 0 & 1 \end{bmatrix} + \sin\theta \begin{bmatrix} 0 & 1 \\ -1 & 0 \end{bmatrix} \tag{2-4}$$

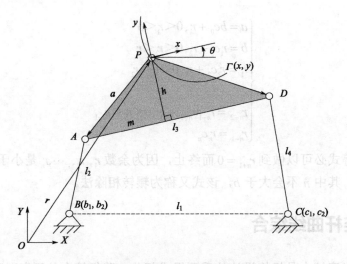

图 2-1　铰链四杆机构连杆曲线的参数

化简整理式（2-3），得到

$$\cos\theta(r^{\mathrm{T}}a - b^{\mathrm{T}}a) + \sin\theta(r^{\mathrm{T}}Ea - b^{\mathrm{T}}Ea) + \frac{1}{2}\left[(r-b)^{\mathrm{T}}(r-b) + a^{\mathrm{T}}a - l_2^2\right] = 0 \quad (2\text{-}5)$$

记

$$A_1 = r^{\mathrm{T}}a - b^{\mathrm{T}}a \quad (2\text{-}6)$$

$$B_1 = r^{\mathrm{T}}Ea - b^{\mathrm{T}}Ea \quad (2\text{-}7)$$

$$C_1 = \frac{1}{2}\left[(r-b)^{\mathrm{T}}(r-b) + a^{\mathrm{T}}a - l_2^2\right] \quad (2\text{-}8)$$

得到

$$A_1\cos\theta + B_1\sin\theta + C_1 = 0 \quad (2\text{-}9)$$

类似地，得到关于连杆 CD 的合成方程式为

$$\cos\theta(r^{\mathrm{T}}c - d^{\mathrm{T}}c) + \sin\theta(r^{\mathrm{T}}Ec - d^{\mathrm{T}}Ec) + \frac{1}{2}\left[(r-d)^{\mathrm{T}}(r-d) + c^{\mathrm{T}}c - l_4^2\right] = 0 \quad (2\text{-}10)$$

化简得

$$A_2\cos\theta + B_2\sin\theta + C_2 = 0 \quad (2\text{-}11)$$

$$A_2 = r^{\mathrm{T}}c - d^{\mathrm{T}}c \quad (2\text{-}12)$$

$$B_2 = r^{\mathrm{T}}Ec - d^{\mathrm{T}}Ec \quad (2\text{-}13)$$

$$C_2 = \frac{1}{2}\left[(r-d)^{\mathrm{T}}(r-d) + c^{\mathrm{T}}c - l_4^2\right] \quad (2\text{-}14)$$

式中，c 为坐标原点到 C 之间的向量；d 为坐标原点到 D 之间的向量。

给出的代数方程形式的式（2-3）不含角度 θ，联立式（2-9）、式（2-13）解得

$$\cos\theta = \frac{B_1C_2 - C_1B_2}{A_1B_2 - A_2B_1}; \quad \sin\theta = -\frac{A_1C_2 - A_2C_1}{A_1B_2 - A_2B_1} \tag{2-15}$$

最后，将上述表达式代入 $\sin^2\theta + \cos^2\theta = 1$，得到公式

$$
\begin{aligned}
&A_1^2C_2^2 - 2A_1C_2A_2C_1 + A_2^2C_1^2 + B_1^2C_2^2 - 2B_1C_2B_2C_1 + B_2^2C_1^2 - \\
&A_1^2B_2^2 + 2A_1B_2A_2B_1 - A_2^2B_1^2 = 0
\end{aligned}
\tag{2-16}
$$

将公式展开可以得到关于 xy 的连杆曲线方程

$$
\begin{aligned}
\Gamma(x,y) &= K_0\left(x^2 + y^2\right)^3 + \left(K_1x + K_2y\right)\left(x^2 + y^2\right)^2 + \left(K_3x^2 + K_4xy + K_5y^2\right)\left(x^2 + y^2\right) + \\
&\quad K_6x^3 + K_7x^2y + K_8xy^2 + K_9y^3 + K_{10}x^2 + K_{11}xy + K_{12}y^2 + \\
&\quad K_{13}x + K_{14}y + K_{15} = 0
\end{aligned}
\tag{2-17}
$$

式中，K_i 是由 9 个设计变量组成的，即

$$K_i = K_i(m, h, b_1, b_2, c_1, c_2, l_2, l_3, l_4), i = 0, 1, \cdots, 15 \tag{2-18}$$

进行归一化处理，可得

$$k_i = \frac{K_i}{K_0} \tag{2-19}$$

精确的连杆曲线方程的表达式为

$$
\begin{aligned}
\Gamma(x,y) &= \left(x^2 + y^2\right)^3 + \left(k_1x + k_2y\right)\left(x^2 + y^2\right)^2 + \left(k_3x^2 + k_4xy + k_5y^2\right)\left(x^2 + y^2\right) \\
&\quad k_6x^3 + k_7x^2y + k_8xy^2 + k_9y^3 + k_{10}x^2 + k_{11}xy + k_{12}y^2 + k_{13}x + k_{14}y + k_{15} \\
&= 0
\end{aligned}
\tag{2-20}
$$

$$k_i - k_i^* = 0 \tag{2-21}$$

式中，k_i^* 代表连杆曲线方程的系数，在连杆曲线方程中已经给出。

2.2.2　完全解析法

完全解析法求解平面铰链四杆机构连杆曲线方程的步骤可以为两步：第一步是化简连杆曲线方程得到只包含四个变量的四个方程；第二步求解剩余变量。连杆曲线方程系数之间有如下的关系。

① 系数 k_1、k_2、k_4、(k_3-k_5)、(k_8-k_6) 和 (k_7-k_9) 只包含系数 m、h、b_1、

膝关节外骨骼机器人设计与分析

b_2、c_1、c_2 和 l_3。

② 系数 (k_3+k_5)、(k_6+k_9)、$(k_{10}-k_{12})$ 中的 l_2^2 和 l_4^2 成线性关系。

利用这两个关系进一步简化合成方程组，得到一个完全解析解。从第一组关系中可以得到以下方程

$$k_1 = \frac{2b_1 m}{l_3} - \frac{2b_2 h}{l_3} - \frac{2c_1 m}{l_3} + \frac{2c_2 h}{l_3} - 4b_1 - 2c_1 = k_1^* \qquad (2\text{-}22)$$

$$k_2 = \frac{2b_1 h}{l_3} + \frac{2b_2 m}{l_3} - \frac{2c_1 h}{l_3} - \frac{2c_2 m}{l_3} - 4b_2 - 2c_2 = k_2^* \qquad (2\text{-}23)$$

整理式（2-22）和式（2-23），可以得到方程：

$$2b_1 m - 2b_2 h - 2c_1 m + 2c_2 h - 4b_1 l_3 - 2c_1 l_3 - k_1^* l_3 = 0 \qquad (2\text{-}24)$$

$$2b_1 h + 2b_2 m - 2c_1 h - 2c_2 m - 4b_2 l_3 - 2c_2 l_3 - k_2^* l_3 = 0 \qquad (2\text{-}25)$$

从第一组关系中的其它关系得到以下方程：

$$k_3 - k_5 = \frac{2hb_1 b_2 l_3 + mb_2^2 l_3 + mc_1^2 l_3 - 2hc_1 c_2 l_3 - mc_2^2 l_3 - mb_1^2 l_3}{0.25 l_3^2} +$$
$$4b_1^2 + 8b_1 c_1 - 8b_2 c_2 - 4b_2^2 = k_3^* - k_5^* \qquad (2\text{-}26)$$

$$k_4 = \frac{-hb_1^2 l_3 - 2mb_1 b_2 l_3 + hc_1^2 l_3 + 2mc_1 c_2 l_3 - hc_2^2 l_3 + hb_2^2 l_3}{0.25 l_3^2} + 8b_1 b_2 +$$
$$8b_1 c_2 + 8b_2 c_1 = k_4^* \qquad (2\text{-}27)$$

$$k_8 - k_6 = \frac{-2mb_1^2 c_1 + 2hb_1^2 c_2 l_3 + 4hb_1 b_2 c_1 l_3 + 4mb_1 b_2 c_2 l_3 + 2mb_1 c_1^2 l_3}{0.25 l_3^2} +$$
$$\frac{2hb_2 c_2^2 l_3 - 4hb_1 c_1 c_2 l_3 - 2mb_1 c_2^2 l_3 - 2hb_2^2 c_2 l_3 - 2hb_2 c_1^2 l_3}{0.25 l_3^2} + \qquad (2\text{-}28)$$
$$\frac{2mb_2^2 c_1 l_3 - 4mb_2 c_1 c_2 l_3}{0.25 l_3^2} + 8b_1^2 c_1 - 8b_2^2 c_1 - 16b_1 b_2 c_2 = k_8^* - k_6^*$$

$$k_7 - k_9 = \frac{2hb_1^2 c_1 l_3 + 2mb_1^2 c_2 l_3 + 4mb_1 b_2 c_1 l_3 - 4hb_1 b_2 c_2 l_3 - 2hb_1 c_1^2 l_3}{0.25 l_3^2} +$$
$$\frac{-2hb_2 c_1 c_2 l_3 - 4mb_1 c_1 c_2 l_3 + 2hb_1 c_2^2 l_3 - 2mb_2^2 c_2 l_3 - 2mb_2 c_1^2 l_3}{0.25 l_3^2} + \qquad (2\text{-}29)$$
$$\frac{4hb_2 c_1 c_2 l_3 + 2mb_2 c_2^2 l_3}{0.25 l_3^2} + 8b_2^2 c_2 - 8b_1^2 c_2 - 16b_1 b_2 c_1 = k_7^* - k_9^*$$

化简式（2-26）～式（2-29），得到以下方程：

$$-4b_1^2 - 4b_1c_1 + 4b_2^2 + 4b_2c_2 - 4c_1^2 + 4c_2^2 + 2k_2^*b_2 - $$
$$2k_1^*b_1 - 2k_1^*c_1 + 2k_2^*c_2 - k_3^* - k_5^* = 0 \tag{2-30}$$

$$-2k_1^*b_2 - 2k_2^*b_1 - 2k_1^*c_2 - k_4^* - 2k_2^*c_1 - 8b_1b_2 - 4b_1c_2 - 4b_2c_1 - 8c_1c_2 = 0 \tag{2-31}$$

$$8c_1^3 - 24c_1c_2^2 - 8k_2^*c_1c_2 - 4k_1^*c_2^2 + 4k_1^*c_1^2 + 2k_3^*c_1 - 2k_5^*c_1 - $$
$$2k_4^*c_2 - k_8^* + k_6^* = 0 \tag{2-32}$$

$$8c_2^3 - 24c_1^2c_2 - 8k_1^*c_1c_2 - 4k_2^*c_1^2 + 4k_2^*c_2^2 - 2k_4^*c_1 - $$
$$2k_3^*c_2 + 2k_5^*c_2 - k_7^* + k_9^* = 0 \tag{2-33}$$

从化简结果可以发现，化简后的连杆曲线方程中不再含有参数 m、h 和 l_3。式（2-30）～式（2-33）只包含四个参数。此外，式（2-32）～式（2-33）是一个二元三次方程，只包含两个参数。利用方程求解器，可以很容易地求得解。

从式（2-30）～式（2-33）看出，连杆曲线方程的系数给定以后，参数 b_1、b_2、c_1 和 c_2 可以通过方程求解器得到，式（2-24）～式（2-25）中的 m 和 h 可以被表示为 l_3 的函数：

$$[m,h]^T = [f_1(l_3), f_2(l_3)]^T \tag{2-34}$$

式中，$f_1(l_3)$ 和 $f_2(l_3)$ 是 l_3^2 的线性函数。

在分析整个方程的特性后发现，当方程包含参数 l_2 和 l_4 时，方程的结构和次数往往是比较复杂的，所以先求解其余的 6 个参数 m、h、b_1、b_2、c_1 和 c_2，然后再去求解参数 l_2、l_4 和 l_3 的值。

从连杆曲线方程参数关系的第二组关系可以得到以下方程：

$$k_3 + k_5 = k_3^* + k_5^* \tag{2-35}$$
$$k_6 + k_9 = k_6^* + k_9^* \tag{2-36}$$
$$k_{10} - k_{12} = k_{10}^* - k_{12}^* \tag{2-37}$$

式（2-35）～式（2-37）中的具体参数表达式如下：

$$k_3 + k_5 = \frac{b_1^2h^2}{2} + 2b_1^2l_3^2 - 2b_1^2l_3m + \frac{b_1^2m^2}{2} - b_1c_1h^2 + 2b_1c_1l_3^2 + b_1c_1l_3m - $$
$$b_1c_1m^2 - 3b_1c_2hl_3 + \frac{b_2^2h^2}{2} + 2b_2^2l_3^2 - 2b_2^2l_3m + \frac{b_2^2m^2}{2} + $$
$$3b_2c_1hl_3 - b_2c_2h^2 + 2b_2c_2l_3^2 + b_2c_2l_3m - b_2c_2m^2 + \frac{c_1^2h^2}{2} + \frac{c_1^2l_3^2}{2} + $$
$$c_1^2l_3m + \frac{c_1^2m^2}{2} + \frac{c_2^2h^2}{2} + \frac{c_2^2l_3^2}{2} + c_2^2l_3m + \frac{c_2^2m^2}{2} - h^2l_3^2 - l_2^2l_3^2 + $$
$$l_2^2l_3m + l_3^3m - l_3^2m^2 - l_3l_4^2m \tag{2-38}$$

$$
\begin{aligned}
k_6 + k_9 = & -\frac{b_1^3 h^2}{2} + \frac{b_1^3 h l_3}{2} - b_1^3 l_3^2 + \frac{3 b_1^3 l_3 m}{2} - \frac{b_1^3 m^2}{2} - \frac{b_1^2 b_2 h^2}{2} - \frac{b_1^2 b_2 h l_3}{2} - b_1^2 b_2 l_3^2 + \\
& \frac{3 b_1^2 b_2 l_3 m}{2} - \frac{b_1^2 b_2 m^2}{2} + \frac{b_1^2 c_1 h^2}{2} - \frac{b_1^2 c_1 h l_3}{2} - 3 b_1^2 c_1 l_3^2 + \frac{3 b_1^2 c_1 l_3 m}{2} + \frac{b_1^2 c_1 m^2}{2} - \\
& \frac{b_1^2 c_2 h^2}{2} + \frac{3 b_1^2 c_2 h l_3}{2} - b_1^2 c_2 l_3^2 + \frac{b_1^2 c_2 l_3 m}{2} - \frac{b_1^2 c_2 m^2}{2} - \frac{b_1 b_2^2 h^2}{2} + \frac{b_1 b_2^2 h l_3}{2} - \\
& b_1 b_2^2 l_3^2 + \frac{3 b_1 b_2^2 l_3 m}{2} - \frac{b_1 b_2^2 m^2}{2} + b_1 b_2 c_1 h^2 - 3 b_1 b_2 c_1 h l_3 - b_1 b_2 c_1 l_3 m + \\
& b_1 b_2 c_1 m^2 + b_1 b_2 c_2 h^2 + 3 b_1 b_2 c_2 h l_3 - b_1 b_2 c_2 l_3 m + b_1 b_2 c_2 m^2 + \frac{b_1 c_1^2 h^2}{2} + \\
& \frac{b_1 c_1^2 h l_3}{2} - b_1 c_1^2 l_3^2 - \frac{5 b_1 c_1^2 l_3 m}{2} + \frac{b_1 c_1^2 m^2}{2} + b_1 c_1 c_2 h^2 + 3 b_1 c_1 c_2 h l_3 - b_1 c_1 c_2 l_3 m + \\
& b_1 c_1 c_2 m^2 - \frac{b_1 c_2^2 h^2}{2} + \frac{3 b_1 c_2^2 h l_3}{2} - b_1 c_2^2 l_3^2 + \frac{b_1 c_2^2 l_3 m}{2} - \frac{b_1 c_2^2 m^2}{2} - b_1 h^3 l_3 + \\
& \frac{b_1 h^2 l_2^2}{2} + \frac{3 b_1 h^2 l_3^2}{2} - b_1 h^2 l_3 m - \frac{b_1 h^2 l_4^2}{2} - \frac{b_1 h l_2^2 l_3}{2} + \frac{b_1 h l_3^3}{2} + b_1 h l_3^2 m - \frac{b_1 h l_3 l_4^2}{2} - \\
& b_1 h l_3 m^2 + b_1 l_2^2 l_3^2 - \frac{3 b_1 l_2^2 l_3 m}{2} + \frac{b_1 l_2^2 m^2}{2} - \frac{3 b_1 l_3^3 m}{2} + \frac{5 b_1 l_3^2 m^2}{2} + \frac{3 b_1 l_3 l_4^2 m}{2} - \\
& b_1 l_3 m^3 - \frac{b_1 l_4^2 m^2}{2} - \frac{b_2^3 h^2}{2} - \frac{b_2^3 h l_3}{2} - b_2^3 l_3^2 + \frac{3 b_2^3 l_3 m}{2} - \frac{b_2^3 m^2}{2} + \frac{b_2^2 c_1 h^2}{2} - \\
& \frac{3 b_2^2 c_1 h l_3}{2} - b_2^2 c_1 l_3^2 + \frac{b_2^2 c_1 l_3 m}{2} - \frac{b_2^2 c_1 m^2}{2} + \frac{b_2^2 c_2 h^2}{2} + \frac{b_2^2 c_2 h l_3}{2} - 3 b_2^2 c_2 l_3^2 + \\
& \frac{3 b_2^2 c_2 l_3 m}{2} + \frac{b_2^2 c_2 m^2}{2} - \frac{b_2 c_1^2 h^2}{2} - \frac{3 b_2 c_1^2 h l_3}{2} - b_2 c_1^2 l_3^2 + \frac{b_2 c_1^2 l_3 m}{2} - \frac{b_2 c_1^2 m^2}{2} + \\
& b_2 c_1 c_2 h^2 - 3 b_2 c_1 c_2 h l_3 - b_2 c_1 c_2 l_3 m + b_2 c_1 c_2 m^2 + \frac{b_2 c_2^2 h^2}{2} - \frac{b_2 c_2^2 h l_3}{2} - \\
& b_2 c_2^2 l_3^2 - \frac{5 b_2 c_2^2 l_3 m}{2} + \frac{b_2 c_2^2 m^2}{2} + b_2 h^3 l_3 + \frac{b_2 h^2 l_2^2}{2} + \frac{3 b_2 h^2 l_3^2}{2} - b_2 h^2 l_3 m - \\
& \frac{b_2 h^2 l_4^2}{2} + \frac{b_2 h l_2^2 l_3}{2} - \frac{b_2 h l_3^3}{2} - b_2 h l_3^2 m + \frac{b_2 h l_3 l_4^2}{2} + b_2 h l_3 m^2 + b_2 l_2^2 l_3^2 - \\
& \frac{3 b_2 l_2^2 l_3 m}{2} + \frac{b_2 l_2^2 m^2}{2} - \frac{3 b_2 l_3^3 m}{2} + \frac{5 b_2 l_3^2 m^2}{2} + \frac{3 b_2 l_3 l_4^2 m}{2} - b_2 l_3 m^3 - \frac{b_2 l_4^2 m^2}{2} - \\
& \frac{c_1^3 h^2}{2} - \frac{c_1^3 h l_3}{2} - \frac{c_1^3 l_3 m}{2} - \frac{c_1^3 m^2}{2} - c_2 h^3 l_3 - \frac{c_2 h^2 l_2^2}{2} + \frac{c_2 h^2 l_3^2}{2} + c_2 h^2 l_3 m + \\
& \frac{c_2 h^2 l_4^2}{2} - \frac{c_2 h l_2^2 l_3}{2} + \frac{c_2 h l_3^3}{2} + c_2 h l_3^2 m - \frac{c_2 h l_3 l_4^2}{2} - c_2 h l_3 m^2 + c_2 l_2^2 l_3^2 - \\
& \frac{c_2 l_2^2 l_3 m}{2} - \frac{c_2 l_2^2 m^2}{2} - \frac{c_2 l_3^3 m}{2} - \frac{c_2 l_3^2 m^2}{2} + \frac{c_2 l_3 l_4^2 m}{2} + c_2 l_3 m^3 + \frac{c_2 l_4^2 m^2}{2}
\end{aligned}
\tag{2-39}
$$

$$
\begin{aligned}
k_{10} - k_{12} = & \frac{b_1^4 h^2}{2} + \frac{b_1^4 l_3^2}{2} - b_1^4 l_3 m + \frac{b_1^4 m^2}{2} + 2b_1^3 c_1 l_3^2 - 2b_1^3 c_1 l_3 m - 2b_1^3 c_2 h l_3 + \\
& b_1^2 b_2^2 h^2 + b_1^2 b_2^2 l_3^2 - 2b_1^2 b_2^2 l_3 m + b_1^2 b_2^2 m^2 + 2b_1^2 b_2 c_1 h l_3 + 2b_1^2 b_2 c_2 l_3^2 - \\
& 2b_1^2 b_2 c_2 l_3 m - b_1^2 c_1^2 h^2 + 2b_1^2 c_1^2 l_3^2 + b_1^2 c_1^2 l_3 m - b_1^2 c_1^2 m^2 - 2b_1^2 c_1 c_2 h l_3 + \\
& b_1^2 c_2^2 h^2 + 2b_1^2 c_2^2 l_3^2 - b_1^2 c_2^2 l_3 m + b_1^2 c_2^2 m^2 - b_1^2 h^4 - b_1^2 h^2 l_2^2 - b_1^2 h^2 l_3^2 + \\
& 4b_1^2 h^2 l_3 m + b_1^2 h^2 l_4^2 - 2b_1^2 h^2 m^2 - b_1^2 l_2^2 l_3^2 + 2b_1^2 l_2^2 l_3 m - b_1^2 l_2^2 m^2 + \\
& 2b_1^2 l_3^3 m - 5b_1^2 l_3^2 m^2 - 2b_1^2 l_3 l_4^2 m + 4b_1^2 l_3 m^3 + b_1^2 l_4^2 m^2 - b_1^2 m^4 + \\
& 2b_1 b_2^2 c_1 l_3^2 - 2b_1 b_2^2 c_1 l_3 m - 2b_1 b_2^2 c_2 h l_3 + 2b_1 b_2 c_1^2 h l_3 - 4b_1 b_2 c_1 c_2 h^2 + \\
& 4b_1 b_2 c_1 c_2 l_3 m - 4b_1 b_2 c_1 c_2 m^2 - 2b_1 b_2 c_2^2 h l_3 + 2b_1 c_1^3 l_3 m - 2b_1 c_1^2 c_2 h l_3 + \\
& 2b_1 c_1 c_2^2 l_3 m + 2b_1 c_1 h^4 + \frac{b_2^4 h^2}{2} + \frac{b_2^4 l_3^2}{2} - b_2^4 l_3 m + \frac{b_2^4 m^2}{2} + 2b_2^3 c_1 h l_3 + \\
& 2b_2^3 c_2 l_3^2 - 2b_2^3 c_2 l_3 m + b_2^2 c_1^2 h^2 + 2b_2^2 c_1^2 l_3^2 - 4b_1 c_1 h^2 l_3^2 - 4b_1 c_1 h^2 l_3 m + \\
& 4b_1 c_1 h^2 m^2 - 2b_1 c_1 l_2^2 l_3^2 + 2b_1 c_1 l_2^2 l_3 m + 2b_1 c_1 l_3^3 m - 2b_1 c_1 l_3 l_4^2 m - \\
& 4b_1 c_1 l_3 m^3 + 2b_1 c_1 m^4 - 2b_1 c_2^3 h l_3 + 4b_1 c_2 h^3 l_3 + 2b_1 c_2 h l_2^2 l_3 - 2b_1 c_2 h l_3^3 - \\
& 4b_1 c_2 h l_3^2 m + 2b_1 c_2 h l_3 l_4^2 + 4b_1 c_2 h l_3 m^2 - b_2^2 c_1^2 l_3 m + b_2^2 c_1^2 m^2 + \\
& 2b_2^2 c_1 c_2 h l_3 - b_2^2 c_2^2 h^2 + 2b_2^2 c_2^2 l_3^2 + b_2^2 c_2^2 l_3 m - b_2^2 c_2^2 m^2 - b_2^2 h^4 - \\
& b_2^2 h^2 l_2^2 - b_2^2 h^2 l_3^2 + 4b_2^2 h^2 l_3 m + b_2^2 h^2 l_4^2 - 2b_2^2 h^2 m^2 - b_2^2 l_2^2 l_3^2 + \\
& 2b_2^2 l_2^2 l_3 m - b_2^2 l_2^2 m^2 + 2b_2^2 l_3^3 m - 5b_2^2 l_3^2 m^2 - 2b_2^2 l_3 l_4^2 m + 4b_2^2 l_3 m^3 + \\
& b_2^2 l_4^2 m^2 - b_2^2 m^4 + 2b_2 c_1^3 h l_3 + 2b_2 c_1^2 c_2 l_3 m + 2b_2 c_1 c_2^2 h l_3 - 4b_2 c_1 h^3 l_3 + \\
& \frac{c_1^4 h^2}{2} + \frac{c_1^4 m^2}{2} + c_1^2 c_2^2 h^2 + c_1^2 c_2^2 m^2 - c_1^2 h^4 + c_1^2 h^2 l_2^2 + c_1^2 h^2 l_3^2 - c_1^2 h^2 l_4^2 - \\
& 2c_1^2 h^2 m^2 - c_1^2 l_2^2 l_3^2 - 2b_2 c_1 h l_2^2 l_3 + 2b_2 c_1 h l_3^3 + 4b_2 c_1 h l_3^2 m - 2b_2 c_1 h l_3 l_4^2 - \\
& 4b_2 c_1 h l_3 m^2 + 2b_2 c_2^3 l_3 m + 2b_2 c_2 h^4 - 4b_2 c_2 h^2 l_3^2 - 4b_2 c_2 h^2 l_3 m + \\
& 4b_2 c_2 h^2 m^2 - 2b_2 c_2 l_2^2 l_3^2 + 2b_2 c_2 l_2^2 l_3 m + 2b_2 c_2 l_3^3 m - 2b_2 c_2 l_3 l_4^2 m - \\
& 4b_2 c_2 l_3 m^3 + 2b_2 c_2 m^4 + c_1^2 l_2^2 m^2 + c_1^2 l_3^2 m^2 - c_1^2 l_4^2 m^2 - c_1^2 m^4 + \frac{c_2^4 h^2}{2} + \\
& \frac{c_2^4 m^2}{2} - c_2^2 h^4 + c_2^2 h^2 l_2^2 + c_2^2 h^2 l_3^2 - c_2^2 h^2 l_4^2 - 2c_2^2 h^2 m^2 - c_2^2 l_2^2 l_3^2 + \\
& c_2^2 l_2^2 m^2 + c_2^2 l_3^2 m^2 - c_2^2 l_4^2 m^2 - c_2^2 m^4 + \frac{h^4 l_3^2}{2} + \frac{h^2 l_2^4}{2} - h^2 l_2^2 l_3 m - \\
& h^2 l_2^2 l_4^2 + \frac{h^2 l_3^4}{2} - h^2 l_3^3 m - h^2 l_3^2 l_4^2 + h^2 l_3^2 m^2 + h^2 l_3 l_4^2 m + \frac{h^2 l_4^4}{2} + \frac{l_2^4 l_3^2}{2} - \\
& l_2^4 l_3 m + \frac{l_2^4 m^2}{2} - l_2^2 l_3^3 m + 2l_2^2 l_3^2 m^2 + l_2^2 l_3 l_4^2 m - l_2^2 l_3 m^3 - l_2^2 l_4^2 m^2 + \\
& \frac{l_3^4 m^2}{2} - l_3^3 m^3 - l_3^2 l_4^2 m^2 + \frac{l_3^2 m^4}{2} + l_3 l_4^2 m^3 + \frac{l_4^4 m^2}{2}
\end{aligned}
$$

$$(2\text{-}40)$$

当参数 b_1、b_2、c_1、c_2、m 和 h 被求解后,参数 l_2、l_3 和 l_4 就可以通过上述的公式化简得到。

基于完全解析的流程,给出了求解四杆机构参数的流程框架,具体的步骤如下:

① 确定如式(2-20)的连杆曲线方程。

② 将连杆曲线方程对应的 k_i^* 代入式(2-30)~式(2-33),求解铰链坐标参数 b_1、b_2、c_1 和 c_2 的值。

③ 将得到的参数 b_1、b_2、c_1 和 c_2 的值代入式(2-35)~式(2-37),求解得到参数 m 和 h 关于参数 l_3 的多组函数关系。

④ 当参数 m、h、b_1、b_2、c_1 和 c_2 的值和参数关系得到后,分别将每一组值与关系代入式(2-38)~式(2-40),得到参数 l_2、l_3、l_4 的值。

⑤ 对于参数 m 和 h 的值,可以通过式(2-34)求得。

⑥ 重复步骤④和⑤,得到每一组对应 l_2、l_4 和 l_3 的值。

⑦ 得到四杆机构的全部参数值。

另外,完全解析方法没有考虑当 $h=0$ 时,$m=0$ 或 $m=l_3$ 的六次连杆曲线退化为二次圆形或者圆弧的情况。

2.2.3 算例

下面给出计算实例来说明利用完全解析法如何求解四杆机构的连杆参数。算例 1 来源于文献[97],为与文献保持一致结果并进行比较,此处结果的单位为米,本书中除特别标明外,其余未注明的长度单位为毫米。连杆曲线方程如下:

$$
\begin{aligned}
\Gamma(x,y) = & x^6 + 3.0x^4y^2 + 3.0x^2y^4 + y^6 + 0.05x^5 + 0.2x^4y + 0.1x^3y^2 + \\
& 0.4x^2y^3 + 0.05xy^4 + 0.2y^5 - 0.109375x^4 + 0.18x^3y - 0.13875x^2y^2 + \\
& 0.18xy^3 - 0.029375y^4 + 0.00875x^3 - 0.004375x^2y - 0.01525xy^2 - \\
& 0.044375y^3 + 0.0107375x^2 + 0.001425xy + 0.00214375y^2 + \\
& 0.0008525x + 0.00107375y - 0.0000479375025 \\
= & 0
\end{aligned} \tag{2-41}
$$

将式(2-41)中的系数分别代入式(2-30)~式(2-33)和式(2-24)~式(2-25),得到表达式

$$
-l_3^2b_1 + \frac{l_3c_2h}{2} - \frac{l_3^2c_1}{2} - \frac{l_3b_2h}{2} - \frac{l_3^3}{80} + \frac{l_3b_1m}{2} - \frac{l_3c_1m}{2} = 0 \tag{2-42}
$$

$$
-l_3^2b_2 + \frac{l_3b_1h}{2} - \frac{l_3^2c_2}{2} - \frac{l_3^3}{20} - \frac{l_3c_1h}{2} + \frac{l_3b_2m}{2} - \frac{l_3c_2m}{2} = 0 \tag{2-43}
$$

$$-b_1^2 - b_1 c_1 + c_1^2 + b_2^2 + b_2 c_2 - c_2^2 - \frac{b_1}{40} + \frac{b_2}{10} - \frac{c_1}{40} + \frac{c_2}{10} + \frac{1}{50} = 0 \qquad (2\text{-}44)$$

$$-2 b_1 b_2 - b_1 c_2 - b_2 c_1 - 2 c_1 c_2 - \frac{9}{200} - \frac{b_1}{10} - \frac{b_2}{40} - \frac{c_1}{10} - \frac{c_2}{40} = 0 \qquad (2\text{-}45)$$

$$2 c_1^3 + \frac{c_1^2}{20} - 6 c_1 c_2^2 - \frac{2 c_1 c_2}{5} - \frac{c_1}{25} - \frac{c_2^2}{20} - \frac{9 c_2}{100} + \frac{3}{500} = 0 \qquad (2\text{-}46)$$

$$-6 c_1^2 c_2 + 2 c_2^3 - \frac{c_1^2}{5} - \frac{c_1 c_2}{10} - \frac{9 c_1}{100} + \frac{c_2^2}{5} + \frac{c_2}{25} - \frac{1}{100} = 0 \qquad (2\text{-}47)$$

求解式（2-42）～式（2-47），得到参数 b_1、b_2、c_1、c_2 的值和参数 m、h 关于 l_3 的函数关系表达式，如表 2-1 所示。

表 2-1　算例 1 中连杆参数 m、h、b_1、b_2、c_1 和 c_2 的求解结果

No.	m	h	b_1	b_2	c_1	c_2
1	$l_3/4$	$3l_3/8$	-0.2	0	0.2	-0.2
2	$3l_3/4$	$-3l_3/8$	0.2	-0.2	-0.2	0
3	$16l_3/15$	$8l_3/15$	0.2	-0.2	-0.025	0.1
4	$-l_3/15$	$-8l_3/15$	-0.025	0.1	0.2	-0.2
5	$-3l_3/13$	$24l_3/13$	-0.025	0.1	-0.2	0
6	$16l_3/13$	$-24l_3/13$	-0.2	0	-0.025	0

将表 2-1 的参数值 m、h、b_1、b_2、c_1 和 c_2 代入式（2-35）～式（2-37）得到

$$\frac{3 l_3^4}{64} - \frac{l_3^2 l_2^2}{4} - \frac{3 l_3^2 l_4^2}{4} + \frac{l_3^2}{25} = 0 \qquad (2\text{-}48)$$

$$-\frac{57 l_3^4}{512} - \frac{21 l_3^2 l_2^2}{640} + \frac{37 l_3^2 l_4^2}{640} + \frac{367 l_3^2}{32000} = 0 \qquad (2\text{-}49)$$

$$\frac{21 l_3^2 l_2^2}{1600} - \frac{51 l_3^4}{3200} - \frac{21 l_3^2 l_2^2}{640} + \frac{l_3^2 l_4^2}{32} - \frac{1133781206190522493 l_3^2}{720575940379279360000} = 0 \qquad (2\text{-}50)$$

求解式（2-48）～式（2-50）得到连杆参数 l_2、l_4 和 l_3 的值。进一步将 l_3 的值代入式（2-34），得到 m 和 h 的值。最后，得到所有的连杆参数值如表 2-2 所示。

表 2-2 算例 1 连杆综合的参数值

No.	m	h	b_1	b_2	c_1	c_2	l_2	l_3	l_4
1	0.1	0.15	-0.2	0	0.2	-0.2	0.15	0.4	0.35
2	0.3	-0.15	0.2	-0.2	-0.2	0	0.35	0.4	0.15
3	0.313	0.1565	0.2	-0.2	-0.025	0.1	0.3354	0.2935	0.1258
4	-0.0196	-0.1565	-0.025	0.1	0.2	-0.2	0.1258	0.2935	0.3354
5	-0.0156	0.1248	-0.025	0.1	-0.2	0	0.1577	0.0676	0.1803
6	0.0832	-0.1248	-0.2	0	-0.025	0.1	0.1803	0.0676	0.1577

由切比雪夫定理可知，上述结果是 3 个同源机构的正反装配。图 2-2 中同源机构 Ⅰ～Ⅲ复现第一环路曲线，同源机构 Ⅳ～Ⅵ复现第二环路曲线。

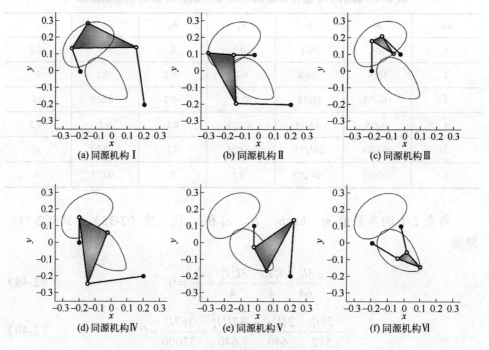

图 2-2 同源机构复现连杆曲线

另外，理论上完全解析法的结果是准确的。为了书面形式的一致性，结果时都表示为有限位的小数。

算例 2 来源于文献[95]，文献中算例的长度单位为米。连杆曲线方程如下：

$$\Gamma(x,y) = x^6 + 3x^4y^2 + 3x^2y^4 + y^6 - \frac{2}{3}x^5 - \frac{4}{3}x^3y^2 - \frac{2}{3}xy^4 + \frac{203}{1800}x^4 +$$

$$\frac{32}{225}x^2y^2 + \frac{53}{1800}y^4 + \frac{17}{1800}x^3 + \frac{17}{1800}xy^2 - 0.00333264x^2 - \qquad （2\text{-}51）$$

$$0.00277708y^2 + 0.00000833x + 0.000025$$

$$= 0$$

将式（2-51）中的系数分别代入式（2-30）～式（2-33）和式（2-24）～式（2-25），得到如下的表达式：

$$\frac{l_3^2}{6} - l_3^2 b_1 - \frac{l_3^2 c_1}{2} - \frac{l_3 b_2 h}{2} + \frac{l_3 c_2 h}{2} + \frac{l_3 b_1 m}{2} - \frac{l_3 c_1 m}{2} = 0 \qquad （2\text{-}52）$$

$$\frac{l_3 b_1 h}{2} - \frac{l_3^2 c_2}{2} - l_3^2 b_2 - \frac{l_3 c_1 h}{2} + \frac{l_3 b_2 m}{2} - \frac{l_3 c_2 m}{2} = 0 \qquad （2\text{-}53）$$

$$-b_1^2 - b_1 c_1 + \frac{b_1}{3} + b_2^2 + b_2 c_2 - c_1^2 + \frac{c_1}{3} + c_2^2 - \frac{1}{48} = 0 \qquad （2\text{-}54）$$

$$\frac{b_2}{3} + \frac{c_2}{3} - 2b_1 b_2 - b_1 c_2 - b_2 c_1 - 2c_1 c_2 = 0 \qquad （2\text{-}55）$$

$$-6c_1^2 c_2 + \frac{4c_1 c_2}{3} + 2c_2^3 - \frac{c_2}{24} = 0 \qquad （2\text{-}56）$$

$$2c_1^3 - \frac{2c_1^2}{3} - 6c_1 c_2^2 + \frac{c_1}{24} + \frac{2c_2^2}{3} = 0 \qquad （2\text{-}57）$$

求解式（2-52）～式（2-57），参数 b_1、b_2、c_1、c_2 的值和参数 m、h 关于参数 l_3 的函数关系在表 2-3 中给出。

表 2-3　算例 2 中连杆参数 m、h、b_1、b_2、c_1 和 c_2

No.	m	h	b_1	b_2	c_1	c_2
1	$l_3/3$	0	0	0	0.25	0
2	$2l_3/3$	0	0.25	0	0	0
3	$-l_3/2$	0	0.0833	0	0.25	0
4	$3l_3/2$	0	0.25	0	0.0833	0
5	$3l_3$	0	0	0	0.0833	0
6	$-2l_3$	0	0.0833	0	0	0

将表 2-3 中第一行的参数值 m、h、b_1、b_2、c_1、c_2 代入式（2-35）～式（2-37）得到如下方程：

$$-6l_3^4 + 2l_3^2l_2^2 - 3l_3^2l_4^2 + \frac{l_3^2}{50} = 0 \quad (2\text{-}58)$$

$$\frac{7l_3^4}{4} - \frac{5l_3^2l_2^2}{12} + \frac{l_3^2l_4^2}{2} - \frac{7l_3^2}{1200} = 0 \quad (2\text{-}59)$$

$$-\frac{l_3^4}{8} + \frac{l_3^2l_2^2}{24} + \frac{1601292677748845l_3^2}{1152921504606846976} = 0 \quad (2\text{-}60)$$

求解式（2-58）～式（2-60），得到连杆参数 l_2、l_4 和 l_3 的值。将 l_3 的值代入式（2-34）得到 m 和 h 的值。最后，得到所有的连杆参数值如表 2-4 所示。

需要特别说明的是，算例 2 中的系数 k_2^*、k_4^*、k_7^*、k_9^* 和 k_{11}^* 是 0。在这样的情况下，提出的连杆参数完全解析法仍然可以求得结果。

表 2-4　算例 2 中连杆综合的参数值

No.	m	h	b_1	b_2	c_1	c_2	l_2	l_3	l_4
1	0.1	0	0	0	0.25	0	0.2	0.3	0.2
2	0.2	0	0.25	0	0	0	0.2	0.3	0.2
3	−0.0667	0	0.0833	0	0.25	0	0.1333	0.1333	0.2
4	0.2	0	0.25	0	0.0833	0	0.2	0.1333	0.1333
5	0.2	0	0	0	0.0833	0	0.1	0.0667	0.0667
6	−0.1333	0	0.0833	0	0	0	0.0666	0.0667	0.1

图 2-3 中同源机构 I 对应表 2-4 中 No.1 和 No.2，同源机构 II 对应表 2-4 中 No.3 和 No.4，同源机构 III 对应表 2-4 中 No.5 和 No.6。根据给定的连杆曲线，三种类型同源机构 I、II 和 III 的结果如图 2-3 所示。由于给定连杆曲线的对称性，仅给出表 2-4 中的三个结果。

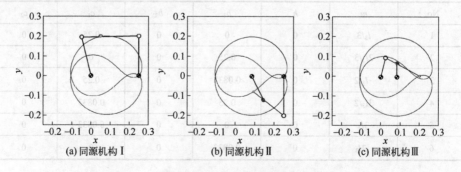

(a) 同源机构 I　　　　(b) 同源机构 II　　　　(c) 同源机构 III

图 2-3　连杆曲线追踪三个同源机构的结果

利用这种求解连杆曲线综合问题的完全解析法，通过对连杆曲线综合中的系数方程的化简，得到包含四个连杆参数即转动铰链位置的方程组。在求出转动铰链位置的基础上，确定剩余的连杆参数。与 **Bai** 等[97]采用的解析法和图解法相结合的方法相比，该方法使用方便、计算效率高。此外，所提出的公式也与其它特殊情况（算例 2）兼容，验证了解析方法的鲁棒性。这种方法主要适用于给定的连杆曲线代数方程。此外，基于该解析方法可以设计出更有效的运动学性能优化算法。

2.3　时序路径综合

精确和近似路径综合问题需要不同的综合方法。布尔梅斯特用统一绘图的方法解决了四个位置和五个位置的综合问题，我们也期望用统一的解析综合方法去研究精确和近似时序路径综合。将近似时序路径综合问题重新组合成多组精确时序路径综合问题，在经典的两杆方法的基础上，推导了精确的时序路径综合公式，提出了一种消去顺序，并利用线性消去法对合成公式进行了简化。利用距离误差公式来确定最优组，该组最优解就是近似时序路径综合问题的解。精确时序路径综合通常得到具有不同运动学性质的数组解（理论上可能为 0 组、2 组或 12 组），并利用误差公式求出舍入误差最小的解组。最后，用两个例子证明该方法在解决时序路径综合问题的有效性。

一个典型的转动四杆机构如图 2-4 所示，其中固定坐标系为 $O\text{-}XY$。四杆机构的位置状态可以由两个点（B 和 D）的坐标和五个变量参数（l_2、l_3、l_4、l_5 和 α_0）唯一确定，这些参数构成九维变量：$x=[b_1,b_2,d_1,d_2,l_2,l_3,l_4,l_5,\alpha_0]$。点 B、D、P 在 $O\text{-}XY$ 中的坐标为 $B(b_1,b_2)$、$D(d_1,d_2)$ 和 $P(P_{ix},P_{iy})$。当四杆移动时，点 P 顺序访问一组点。变量 θ_i 和 θ_0 分别是第 i 位姿的给定输入角度和 BD 连线的初始角度。

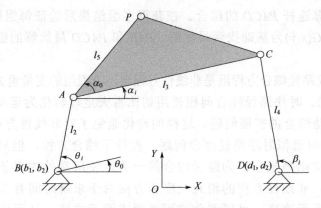

图 2-4　典型的转动四杆机构

α_0 和 α_i 分别是直线 AP 和 AC 之间的角度和 i 姿态的运动角度。直线 CD 和水平线之间的 i 姿态的角度用 β_i 表示。同时，连杆的尺寸是非负的实数，并且点的坐标是实数。此外，为了求解最终结果，还需要计算中间变量 θ_0 和 α_i。

对于连杆 BAP，点 P 的坐标可以写为

$$\begin{cases} P_{ix} = b_1 + l_2\cos(\theta_0 + \theta_i) + l_5\cos\alpha_i \\ P_{iy} = b_2 + l_2\sin(\theta_0 + \theta_i) + l_5\sin\alpha_i \end{cases} \tag{2-61}$$

对于连杆 $PACD$，点 P 的坐标可以写为

$$\begin{cases} P_{ix} = d_1 + l_4\cos\beta_i - l_3\cos(\alpha_i - \alpha_0) + l_5\cos\alpha_i \\ P_{iy} = d_2 + l_4\sin\beta_i - l_3\sin(\alpha_i - \alpha_0) + l_5\sin\alpha_i \end{cases} \tag{2-62}$$

对路径综合方程进行简化，降低求解非线性综合方程的难度，在此基础上提出了一种统一的时序路径综合方法。假设一组数值精度足够的点给出形式如 $(P_{ix}, P_{iy}, \theta_i)$，需要找到一组四杆机构参数，它的轨迹能够按照顺序通过给出的一组点。

2.3.1 综合方程的消元

为了得到更简洁的公式，连杆以实平面上的矢量形式表示。虽然提出的推导遵循文献[107]，但引入变量消元法。在此基础上，提出了一种求解非线性方程组的新方法，得到了一组形式更为简化的方程组，可用于求解精确时序路径综合问题。

对五个离散点进行时序路径的求解可分为两步。第一步是利用五个点进行连杆 PAB 的综合。在获得多组结果后验证每组结果的误差，利用误差函数找到最优解。此外，中间变量 α_i 是基于这些结果计算的。第二步是利用这五个点计算连杆 $PACD$ 的综合。在获得多组结果后验证每组结果的误差，以误差函数 $G(x,y)$ 为基础找到最优解。PAB 和 $PACD$ 最优解的组合，即连杆机构的综合。

通常情况路径综合方程组是非线性方程组，方程组的变量消去需要复杂的多项式消元法。时序路径综合问题使用切比雪夫定理转化为运动综合问题，被认为是运动综合的扩展问题，这样的转化避免了对非线性方程组的求解。Liu 等[107]针对近似时序路径综合问题，推导了综合方程，但只消去一个变量。更多的文献是把它作为路径综合的一类，使用额外约束条件来研究该问题。同时，非线性方程的消元次序和方法对于求解时间有重要影响。这里提出一种消元次序，可以避免使用多项式消元方法，从而可以求解综合方程组结果。

（1）连杆 PAB 综合方程的消元

对于式（2-61），消除变量 α_i。代入公式 $\cos^2\alpha_i + \sin^2\alpha_i = 1$ 得到

$$f_{1i}(b_1, b_2, b_3, b_4, l_5) = (P_{ix} - b_1 - b_3\cos\theta_i + b_4\sin\theta_i)^2 + (b_2 - P_{iy} + b_4\cos\theta_i + b_3\sin\theta_i)^2 - l_5^2 = 0, \quad i = 1, 2, \cdots, 5 \tag{2-63}$$

式中，$b_3 = l_2\cos\theta_0$；$b_4 = l_2\sin\theta_0$。

式（2-63）中 l_5 可以被消去得到

$$\begin{cases} f_{21}(b_1, b_2, b_3, b_4) = A_{21}b_4 + B_{21} = 0 \\ f_{22}(b_1, b_2, b_3, b_4) = A_{22}b_4 + B_{22} = 0 \\ f_{23}(b_1, b_2, b_3, b_4) = A_{23}b_4 + B_{23} = 0 \\ f_{24}(b_1, b_2, b_3, b_4) = A_{24}b_4 + B_{24} = 0 \end{cases} \tag{2-64}$$

式中，

$$A_{21} = 2P_{1y}\cos\theta_1 - 2P_{2y}\cos\theta_2 - 2P_{1x}\sin\theta_1 + 2P_{2x}\sin\theta_2 - 2b_2\cos\theta_1 + 2b_2\cos\theta_2 + 2b_1\sin\theta_1 - 2b_1\sin\theta_2 \tag{2-65}$$

$$B_{21} = 2P_{1x}b_1 - 2P_{2x}b_1 + 2P_{1y}b_2 - 2P_{2y}b_2 - P_{1x}^2 - P_{1y}^2 + P_{2x}^2 + P_{2y}^2 - 2b_2b_3\sin\theta_1 + 2b_2b_3\sin\theta_2 + 2P_{1x}b_3\cos\theta_1 - 2P_{2x}b_3\cos\theta_2 + 2P_{1y}b_3\sin\theta_1 - 2P_{2y}b_3\sin\theta_2 - 2b_1b_3\cos\theta_1 + 2b_1b_3\cos\theta_2 \tag{2-66}$$

$$A_{22} = 2P_{1y}\cos\theta_1 - 2P_{3y}\cos\theta_3 - 2P_{1x}\sin\theta_1 + 2P_{3x}\sin\theta_3 - 2b_2\cos\theta_1 + 2b_2\cos\theta_3 + 2b_1\sin\theta_1 - 2b_1\sin\theta_3 \tag{2-67}$$

$$B_{22} = 2P_{1x}b_1 + 2P_{1y}b_2 - 2P_{3x}b_1 - 2P_{3y}b_2 - P_{1x}^2 - P_{1y}^2 + P_{3x}^2 + P_{3y}^2 - 2b_2b_3\sin\theta_1 + 2b_2b_3\sin\theta_3 + 2P_{1x}b_3\cos\theta_1 - 2P_{3x}b_3\cos\theta_3 + 2P_{1y}b_3\sin\theta_1 - 2P_{3y}b_3\sin\theta_3 - 2b_1b_3\cos\theta_1 + 2b_1b_3\cos\theta_3 \tag{2-68}$$

$$A_{23} = 2P_{1y}\cos\theta_1 - 2P_{4y}\cos\theta_4 - 2P_{1x}\sin\theta_1 + 2P_{4x}\sin\theta_4 - 2b_2\cos\theta_1 + 2b_2\cos\theta_4 + 2b_1\sin\theta_1 - 2b_1\sin\theta_4 \tag{2-69}$$

$$B_{23} = 2P_{1x}b_1 + 2P_{1y}b_2 - 2P_{4x}b_1 - 2P_{4y}b_2 - P_{1x}^2 - P_{1y}^2 + P_{4x}^2 + P_{4y}^2 - 2b_2b_3\sin\theta_1 + 2b_2b_3\sin\theta_4 + 2P_{1x}b_3\cos\theta_1 - 2P_{4x}b_3\cos\theta_4 + 2P_{1y}b_3\sin\theta_1 - 2P_{4y}b_3\sin\theta_4 - 2b_1b_3\cos\theta_1 + 2b_1b_3\cos\theta_4 \tag{2-70}$$

$$A_{24} = 2P_{1y}\cos\theta_1 - 2P_{5y}\cos\theta_5 - 2P_{1x}\sin\theta_1 + 2P_{5x}\sin\theta_5 - 2b_2\cos\theta_1 + 2b_2\cos\theta_5 + 2b_1\sin\theta_1 - 2b_1\sin\theta_5 \tag{2-71}$$

$$B_{24} = 2P_{1x}b_1 + 2P_{1y}b_2 - 2P_{5x}b_1 - 2P_{5y}b_2 - P_{1x}^2 - P_{1y}^2 + P_{5x}^2 + P_{5y}^2 -$$
$$2b_2b_3\sin\theta_1 + 2b_2b_3\sin\theta_5 + 2P_{1x}b_3\cos\theta_1 - 2P_{5x}b_3\cos\theta_5 + \quad\quad (2\text{-}72)$$
$$2P_{1y}b_3\sin\theta_1 - 2P_{5y}b_3\sin\theta_5 - 2b_1b_3\cos\theta_1 + 2b_1b_3\cos\theta_5$$

在式（2-64）中可以发现 b_4 在线性方程组中可以容易地被消掉，并得到

$$f_{31}(b_1, b_2, b_3) = A_{31}b_3 + B_{31} = 0$$
$$f_{32}(b_1, b_2, b_3) = A_{32}b_3 + B_{32} = 0 \quad\quad (2\text{-}73)$$
$$f_{33}(b_1, b_2, b_3) = A_{33}b_3 + B_{33} = 0$$

系数 A_{31}、B_{31}、A_{32}、B_{32}、A_{33} 和 B_{33} 的具体表达式因为太长，本章不一一列出。

通过分析可以发现式（2-73）是关于参数 b_3 的一个线性方程，基于线性消元法可以消去 b_3，得到方程

$$f_{41}(b_1, b_2) = A_{41}b_2^4 + B_{41}b_2^3 + C_{41}b_2^2 + D_{41}b_2 + E_{41} = 0$$
$$f_{42}(b_1, b_2) = A_{42}b_2^4 + B_{42}b_2^3 + C_{42}b_2^2 + D_{42}b_2 + E_{42} = 0 \quad\quad (2\text{-}74)$$

参数 A_{41}、B_{41}、C_{41}、D_{41}、A_{42}、B_{42}、C_{42}、D_{42}、E_{41}、E_{42} 本节也不一一列出。

理论上，式（2-74）可以化简，但需要使用复杂的多项式消元法，同时需要说明的是对于二元四次多项式方程可以用方程求解器求解。最后，给出了连杆 PAB 的一系列综合方程，如式（2-75）所示。

$$f_{11}(b_1, b_2, b_3, b_4, l_5) = (P_{1x} - b_1 - b_3\cos\theta_1 + b_4\sin\theta_1)^2 + (b_2 - P_{1y} +$$
$$b_4\cos\theta_1 + b_3\sin\theta_1)^2 - l_5^2 = 0$$
$$f_{21}(b_1, b_2, b_3, b_4) = A_{21}b_4 + B_{21} = 0$$
$$f_{31}(b_1, b_2, b_3) = A_{31}b_3 + B_{31} = 0 \quad\quad (2\text{-}75)$$
$$f_{41}(b_1, b_2) = A_{41}b_2^4 + B_{41}b_2^3 + C_{41}b_2^2 + D_{41}b_2 + E_{41} = 0$$
$$f_{42}(b_1, b_2) = A_{42}b_2^4 + B_{42}b_2^3 + C_{42}b_2^2 + D_{42}b_2 + E_{42} = 0$$

（2）连杆 *PACD* 综合方程的消元

对于连杆 *PACD* 的方程[式（2-62）]消去变量 β_i，代入公式 $\cos^2\beta_i + \sin^2\beta_i = 1$ 得到

$$g_{1i}(d_1, d_2, d_3, d_4, l_4) = [P_{ix} - d_1 - l_5\cos\alpha_i + l_3\cos(\alpha_i - \alpha_0)]^2 +$$
$$[P_{iy} - d_2 - l_5\sin\alpha_i + l_3\sin(\alpha_i - \alpha_0)]^2 - l_4^2 = 0, i = 1, \cdots, 5 \quad\quad (2\text{-}76)$$

式中，$d_3 = l_3\cos\alpha_0$；$d_4 = l_3\sin\alpha_0$。

式（2-76）中 l_4 可以被消去得到

$$g_{21}(d_1,d_2,d_3,d_4) = a_{21}d_4 + b_{21} = 0$$
$$g_{22}(d_1,d_2,d_3,d_4) = a_{22}d_4 + b_{22} = 0$$
$$g_{23}(d_1,d_2,d_3,d_4) = a_{23}d_4 + b_{23} = 0 \tag{2-77}$$
$$g_{24}(d_1,d_2,d_3,d_4) = a_{24}d_4 + b_{24} = 0$$

式中，

$$a_{21} = 2P_{1y}\cos\alpha_1 - 2P_{2y}\cos\alpha_2 - 2P_{1x}\sin\alpha_1 + 2P_{2x}\sin\alpha_2 - \\ 2d_2\cos\alpha_1 + 2d_2\cos\alpha_2 + 2d_1\sin\alpha_1 - 2d_1\sin\alpha_2 \tag{2-78}$$

$$b_{21} = 2P_{1x}d_1 - 2P_{2x}d_1 + 2P_{1y}d_2 - 2P_{2y}d_2 - P_{1x}^2 - P_{1y}^2 + P_{2x}^2 + P_{2y}^2 - \\ 2d_2l_5\sin\alpha_1 + 2d_2l_5\sin\alpha_2 - 2P_{1x}d_3\cos\alpha_1 + 2P_{2x}d_3\cos\alpha_2 + \\ 2P_{1x}l_5\cos\alpha_1 - 2P_{2x}l_5\cos\alpha_2 - 2P_{1y}d_3\sin\alpha_1 + 2P_{2y}d_3\sin\alpha_2 + \\ 2d_1d_3\cos\alpha_1 - 2d_1d_3\cos\alpha_2 + 2P_{1y}l_5\sin\alpha_1 - 2P_{2y}l_5\sin\alpha_2 - \\ 2d_1l_5\cos\alpha_1 + 2d_1l_5\cos\alpha_2 + 2d_2d_3\sin\alpha_1 - 2d_2d_3\sin\alpha_2 \tag{2-79}$$

$$a_{22} = 2P_{1y}\cos\alpha_1 - 2P_{3y}\cos\alpha_3 - 2P_{1x}\sin\alpha_1 + 2P_{3x}\sin\alpha_3 - \\ 2d_2\cos\alpha_1 + 2d_2\cos\alpha_3 + 2d_1\sin\alpha_1 - 2d_1\sin\alpha_3 \tag{2-80}$$

$$b_{22} = 2P_{1x}d_1 + 2P_{1y}d_2 - 2P_{3x}d_1 - 2P_{3y}d_2 - P_{1x}^2 - P_{1y}^2 + P_{3x}^2 + P_{3y}^2 - \\ 2d_2l_5\sin\alpha_1 + 2d_2l_5\sin\alpha_3 - 2P_{1x}d_3\cos\alpha_1 + 2P_{3x}d_3\cos\alpha_3 + \\ 2P_{1x}l_5\cos\alpha_1 - 2P_{3x}l_5\cos\alpha_3 - 2P_{1y}d_3\sin\alpha_1 + 2P_{3y}d_3\sin\alpha_3 + \\ 2d_1d_3\cos\alpha_1 - 2d_1d_3\cos\alpha_3 + 2P_{1y}l_5\sin\alpha_1 - 2P_{3y}l_5\sin\alpha_3 - \\ 2d_1l_5\cos\alpha_1 + 2d_1l_5\cos\alpha_3 + 2d_2d_3\sin\alpha_1 - 2d_2d_3\sin\alpha_3 \tag{2-81}$$

$$a_{23} = 2P_{1y}\cos\alpha_1 - 2P_{4y}\cos\alpha_4 - 2P_{1x}\sin\alpha_1 + 2P_{4x}\sin\alpha_4 - \\ 2d_2\cos\alpha_1 + 2d_2\cos\alpha_4 + 2d_1\sin\alpha_1 - 2d_1\sin\alpha_4 \tag{2-82}$$

$$b_{23} = 2P_{1x}d_1 + 2P_{1y}d_2 - 2P_{4x}d_1 - 2P_{4y}d_2 - P_{1x}^2 - P_{1y}^2 + P_{4x}^2 + P_{4y}^2 - \\ 2d_2l_5\sin\alpha_1 + 2d_2l_5\sin\alpha_4 - 2P_{1x}d_3\cos\alpha_1 + 2P_{4x}d_3\cos\alpha_4 + \\ 2P_{1x}l_5\cos\alpha_1 - 2P_{4x}l_5\cos\alpha_4 - 2P_{1y}d_3\sin\alpha_1 + 2P_{4y}d_3\sin\alpha_4 + \\ 2d_1d_3\cos\alpha_1 - 2d_1d_3\cos\alpha_4 + 2P_{1y}l_5\sin\alpha_1 - 2P_{4y}l_5\sin\alpha_4 - \\ 2d_1l_5\cos\alpha_1 + 2d_1l_5\cos\alpha_4 + 2d_2d_3\sin\alpha_1 - 2d_2d_3\sin\alpha_4 \tag{2-83}$$

$$a_{24} = 2P_{1y}\cos\alpha_1 - 2P_{5y}\cos\alpha_5 - 2P_{1x}\sin\alpha_1 + 2P_{5x}\sin\alpha_5 - \\ 2d_2\cos\alpha_1 + 2d_2\cos\alpha_5 + 2d_1\sin\alpha_1 - 2d_1\sin\alpha_5 \tag{2-84}$$

$$
\begin{aligned}
b_{24} = {} & 2P_{1x}d_1 + 2P_{1y}d_2 - 2P_{5x}d_1 - 2P_{5y}d_2 - P_{1x}^2 - P_{1y}^2 + P_{5x}^2 + P_{5y}^2 - \\
& 2d_2l_5\sin\alpha_1 + 2d_2l_5\sin\alpha_5 - 2P_{1x}d_3\cos\alpha_1 + 2P_{5x}d_3\cos\alpha_5 + \\
& 2P_{1x}l_5\cos\alpha_1 - 2P_{5x}l_5\cos\alpha_5 - 2P_{1y}d_3\sin\alpha_1 + 2P_{5y}d_3\sin\alpha_5 + \\
& 2d_1d_3\cos\alpha_1 - 2d_1d_3\cos\alpha_5 + 2P_{1y}l_5\sin\alpha_1 - 2P_{5y}l_5\sin\alpha_5 - \\
& 2d_1l_5\cos\alpha_1 + 2d_1l_5\cos\alpha_5 + 2d_2d_3\sin\alpha_1 - 2d_2d_3\sin\alpha_5
\end{aligned}
\tag{2-85}
$$

在式（2-77）中可以发现 d_4 在线性方程组中可以被消掉并得到

$$
\begin{aligned}
g_{31}(d_1,d_2,d_3) &= a_{31}d_3 + b_{31} = 0 \\
g_{32}(d_1,d_2,d_3) &= a_{32}d_3 + b_{32} = 0 \\
g_{33}(d_1,d_2,d_3) &= a_{33}d_3 + b_{33} = 0
\end{aligned}
\tag{2-86}
$$

式中，系数 a_{31}、b_{31}、a_{32}、b_{32}、a_{33} 和 b_{33} 因为太长，本节不一一列出。

由式（2-86）可以发现，变量 d_3 可以进行线性消元得到方程

$$
\begin{aligned}
g_{41}(d_1,d_2) &= a_{41}d_2^4 + b_{41}d_2^3 + c_{41}d_2^2 + d_{41}d_2 + e_{41} = 0 \\
g_{42}(d_1,d_2) &= a_{42}d_2^4 + b_{42}d_2^3 + c_{42}d_2^2 + d_{42}d_2 + e_{42} = 0
\end{aligned}
\tag{2-87}
$$

参数 a_{41}、b_{41}、c_{41}、d_{41}、e_{41}、a_{42}、b_{42}、c_{42}、d_{42} 和 e_{42} 的具体表达式本节也不一一列出。

理论上式（2-87）可以化简，但需要使用复杂的非线性消元法，同时，对于二元四次多项式方程可以利用方程求解器求解。最后，给出了连杆 $PACD$ 的一系列综合方程，如式（2-88）所示。

$$
\begin{aligned}
g_1(d_1,d_2,d_3,d_4,l_4) &= [P_{1x} - d_1 - l_5\cos\alpha_1 + l_3\cos(\alpha_1-\alpha_0)]^2 + \\
& [P_{1y} - d_2 - l_5\sin\alpha_1 + l_3\sin(\alpha_1-\alpha_0)]^2 - l_4^2 = 0 \\
g_{21}(d_1,d_2,d_3,d_4) &= a_{21}d_4 + b_{21} = 0 \\
g_{31}(d_1,d_2,d_3) &= a_{31}d_3 + b_{31} = 0 \\
g_{41}(d_1,d_2) &= a_{41}d_2^4 + b_{41}d_2^3 + c_{41}d_2^2 + d_{41}d_2 + e_{41} = 0 \\
g_{42}(d_1,d_2) &= a_{42}d_2^4 + b_{42}d_2^3 + c_{42}d_2^2 + d_{42}d_2 + e_{42} = 0
\end{aligned}
\tag{2-88}
$$

将相关系数代入式（2-88）中，得到了四杆机构中连杆 $PACD$ 的参数。

2.3.2　统一综合方法

时序路径综合最多可以精确跟踪五个带有输入角度的路径点。精确时序路径综合（以下简称精确综合）问题可以被描述为设计一个平面四杆机构，使连杆曲线点精确通过五个带有输入角度的路径点。近似时序路径综合（以下简称近似综合）就是找到一个平面四杆机构，使连杆曲线通过这些规定带有输入角度的路径点，而且距离误差最小。

点 N（$N>5$）的近似综合可分为两步：第一步将近似综合问题转化为多个精确综合问题；第二步利用误差函数寻找多组精确问题的最优解。

假设近似综合的 N 个点分别是

$$N = [P_1, P_2, P_3, P_4, P_5, \cdots, P_N] \tag{2-89}$$

近似综合问题可以看作是精确综合问题和误差计算问题的叠加。精确的综合形式表示为矩阵 S：

$$S = \begin{bmatrix} P_1 & P_2 & P_3 & P_4 & P_5 \\ P_1 & P_2 & P_3 & P_4 & P_6 \\ \vdots & \vdots & \vdots & \vdots & \vdots \\ P_{N-4} & P_{N-3} & P_{N-2} & P_{N-1} & P_N \end{bmatrix}_{M \times 5} \tag{2-90}$$

式中，$M = C_N^5 = \dfrac{N!}{5! \times (N-5)!}$。

这样的转化降低了近似综合问题方程的复杂性。通过精确综合问题与误差计算问题的叠加，可以得到近似综合问题的全局最优解，提出了从所有解中找出最优解组的距离误差公式，其中每组解都是综合问题的可能解。

（1）连杆 PAB 的距离误差函数

这样的转化方法将近似综合问题转化为多组精确综合问题，那么，近似综合的最优解就是误差函数值最小对应的那组精确综合解。同时，精确综合一般有多组解，误差函数也可以找到多组结果里舍入误差最小的那组解。一组参数的误差是通过误差计算函数计算目标点与实际位置的误差绝对值和得到。其中的误差计算函数是

$$F(x,y) = \sum_1^N |l_5^2 - EB_{ix} - EB_{iy}| \tag{2-91}$$

式中，$EB_{ix} = (P_{ix} - b_1 - b_3\cos\theta_i + b_4\sin\alpha_i)^2$；$EB_{iy} = (P_{iy} - b_2 - b_3\sin\theta_i - b_4\cos\alpha_i)^2$。

求出一组解中的最优解，即局部最优解。利用最优结果计算中间变量 α_i、θ_0，为计算连杆 PACD 做准备。

（2）连杆 PACD 的距离误差函数

连杆 PACD 的误差计算函数表达式为

$$G(x,y) = \sum_1^N |l_4^2 - ED_{ix} - ED_{iy}| \tag{2-92}$$

式中，$ED_{ix} = (P_{ix} - d_1 + d_3\cos\alpha_i + d_4\sin\alpha_i - l_5\cos\alpha_i)^2$；$ED_{iy} = (P_{iy} - d_2 + d_3\sin\alpha_i - d_4\cos\alpha_i - l_5\sin\alpha_i)^2$。

求出一组解中的最优解，即局部最优解。两组最优解的组合就是要合成的四杆机构参数。求解过程分为以下五步。

① 在平面坐标系中定义一组点。

② 将近似综合问题划分为几个集合，每个集合包含五个精度点和几个计算误差点。

③ 解方程组。通过式（2-75）和式（2-88）得到所有的代数解。

④ 将每组解和 $P_i(P_{ix}, P_{iy})$ 代入方程，利用式（2-91）和式（2-92）寻找具有最小误差的一组解。

⑤ 计算所有精确综合问题，并找出误差最小的参数组。

2.3.3 算例

给出两个算例证明统一的时序路径综合方法求解时序综合问题的有效性。第一个是一个近似时序路径综合的经典问题。这个被 Acharyya[123]于 2009 年提出的经典问题，受到许多学者的关注和研究[93,103,108,110,123-125]，所以用这个例子测试提出方法的有效性。其中，目标点为：

$$[(P_{ix}, P_{iy})] = [(0,0), (1.9098, 5.8779), (6.9098, 9.5106), (13.09, 9.5106),$$
$$(18.09, 5.8779), (20,0)]$$

$$\theta_i = \left[\frac{\pi}{6}, \frac{\pi}{3}, \frac{\pi}{2}, \frac{2\pi}{3}, \frac{5\pi}{6}, \pi\right]$$

近似综合问题可以转化为六个精确综合问题，得到如下结果：

$$S = \begin{bmatrix} (0,0) & (1.9098,5.8779) & (6.9098,9.5106) & (13.09,9.5106) & (18.09,5.8779) \\ (0,0) & (1.9098,5.8779) & (6.9098,9.5106) & (13.09,9.5106) & (20,0) \\ (0,0) & (1.9098,5.8779) & (6.9098,9.5106) & (18.09,5.8779) & (20,0) \\ (0,0) & (1.9098,5.8779) & (13.09,9.5106) & (18.09,5.8779) & (20,0) \\ (0,0) & (6.9098,9.5106) & (13.09,9.5106) & (18.09,5.8779) & (20,0) \\ (1.9098,5.8779) & (6.9098,9.5106) & (13.09,9.5106) & (18.09,5.8779) & (20,0) \end{bmatrix}_{M \times 5}$$

$$M = C_6^5 = \frac{6!}{5! \times (6-5)!} = 6$$

分别从六组精确综合问题和对应的计算矩阵得到结果。为了避免改变文献中计算的参数值，根据参数标注的类型不同，将计算结果分为两类，表 2-5 和表 2-6 列出了文献中各参数的计算结果。

表 2-5　算例 1 一部分文献的综合结果

文献	r_1	r_2	r_3	r_4	r_{cx}	r_{cy}	x_0	y_0	θ_0/rad
2009-DE[123]	50.00	5.00	5.91	50.00	18.82	0.00	12.37	-12.44	0.46
2010-GA-DE[124]	50.00	5.00	6.97	48.20	17.05	12.64	12.24	-15.83	0.05
2011-MUMSA[110]	50.00	5.00	7.03	48.13	16.98	12.95	12.20	-16.00	0.04
2016-HTRCA[125]	49.46	5.45	8.02	47.17	17.90	15.30	12.00	-18.70	6.28
2018-AIWPSO[93]	60.00	5.00	7.07	58.12	16.87	13.06	11.89	-16.00	6.28
2019-HLIDE[126]	50.00	5.00	7.03	48.13	16.98	12.95	12.20	-16.00	0.04

其中，表 2-5 中的参数与引用文献保持一致，与本节四杆机构参数的关系是：$r_1 = \sqrt{(d_1 - b_1)^2 + (d_2 - b_2)^2}$，$r_2 = l_2$，$r_3 = l_3$，$r_4 = l_4$，$r_{cx} = l_5 \cos\alpha_0$，$r_{cy} = l_5 \sin\alpha_0$，$x_0 = b_1$，$y_0 = b_2$，$\theta_0 = \theta_0$。

表 2-6　算例 1 另一部分文献的综合结果

文献	r_1	r_2	r_3	r_4	r_5	β	x_0	y_0	θ_0/rad
2015-ICA[108]	50.00	5.00	7.08	48.06	21.40	0.70	11.88	-16.09	6.28
2018-EA[94]	11.11	42.62	11.94	43.30	52.41	-0.14	-43.36	-0.01	6.28

其中，表 2-6 中的参数与引用文献保持一致，与本节四杆机构参数的关系是：$r_1 = \sqrt{(d_1 - b_1)^2 + (d_2 - b_2)^2}$，$r_2 = l_2$，$r_3 = l_3$，$r_4 = l_4$，$r_5 = l_5$，$\beta = \alpha_0$，$x_0 = b_1$，$y_0 = b_2$，$\theta_0 = \theta_0$。

算例 1 的综合结果见表 2-7。

表 2-7　算例 1 的综合结果

项目	b_1	b_2	d_1	d_2	l_2	l_3	l_4	l_5	α_0/rad
结果	9.9847	-271.4	10	0	12.293	269.06	9.9998	269.06	0

为了方便对比，将文献计算得到的四杆机构轨迹画在同一坐标系下，由于文献计算结果[108,110,124]相近，所以一共只给出了六条轨迹。

从图 2-5 中可以发现，统一综合方法计算得到的连杆路径是一个近似圆圈，轨迹曲线能较好地跟踪路径点。这是基于精确综合构建的统一综合方法的优点，而且不需要设定解空间的范围，可以直接求解结果。

算例 2 是一个具有指定时序和五个精确目标点的路径综合问题，给定部分约束$[b_1, b_2, d_2] = [0,0,0]$。Kunjur 和 Krishnamurty 在 1997 年提出了一个由许多学者

膝关节外骨骼机器人设计与分析

关注和研究了 24 年的经典问题[109,110,127]，以此来测试提出方法的有效性。目标点为：

$$[P_{ix}, P_{iy}] = [(3,3), (2.759, 3.363), (2.732, 3.663), (1.890, 3.862), (1.355, 3.943)]$$

$$\theta_i = [\frac{\pi}{6}, \frac{\pi}{4}, \frac{\pi}{3}, \frac{5\pi}{12}, \frac{\pi}{2}]$$

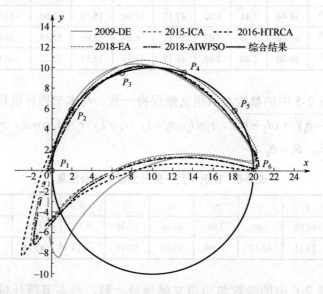

图 2-5　算例 1 的路径综合结果轨迹图

近似综合问题可以转化为三个精确综合问题。分别计算了三组精确综合问题和误差计算矩阵，结果见表 2-8。各文献中参数的综合结果见表 2-9。

表 2-8　算例 2 的综合结果

项目	b_1	b_2	d_1	d_2	l_2	l_3	l_4	l_5	α_0/rad
结果	0.00	0.00	3.64	0.00	2.00	3.97	2.70	2.37	45.16

表 2-9　算例 2 中各文献综合结果

文献	r_1	R_2	r_3	r_4	r_{cx}	r_{cy}	x_0	y_0	α_0/rad
1997-GA[127]	3.51	1.86	4.73	3.52	1.96	1.56	0.00	0.00	0.00
2002-GA[109]	3.06	2.00	3.31	2.52	1.65	1.71	0.00	0.00	0.00
2011-MUMSA[110]	3.77	2.00	4.12	2.75	1.68	1.67	0.00	0.00	0.00

表 2-9 中的参数与引用文献保持一致，与本节四杆机构参数的关系为：

$r_1 = \sqrt{(d_1 - b_1)^2 + (d_2 - b_2)^2}$, $r_2 = l_2$, $r_3 = l_3$, $r_4 = l_4$, $r_{cx} = l_5 \cos\alpha_0$, $r_{cy} = l_5 \sin\alpha_0$, $x_0 = b_1$, $y_0 = b_2$, $\theta_0 = \theta_0$。

为了便于比较，将文献中计算的四杆机构的轨迹绘制在图 2-6 中。

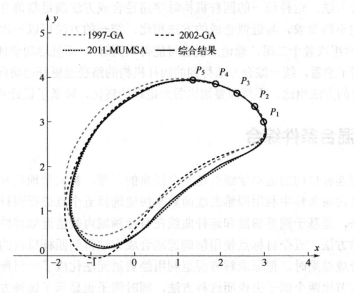

图 2-6 算例 2 的四杆机构路径综合

图 2-6 中无法比较哪条轨迹曲线精度更高，因此给出了误差比较，如图 2-7 所示。

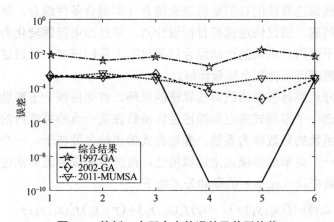

图 2-7 算例 2 中五个点的误差及其平均值

从误差分析图中可以发现有两个点有更高的精度，这是因为给出了初始约束。另外，目标点舍入误差也影响了精度。

提出一种统一的方法去求解四杆机构时序路径综合问题（一种按顺序通过预选点的机制），通过对精确综合的多项式方程进行化简与方程形式的转化，得到了两组方程，在以上基础上构建了基于距离误差计算和精确综合方程组成的统一综合方法。这种统一的四杆机构时序路径合成方法满足精确合成和近似合成问题的不同要求。与近似合成的方法相比，统一的方法可以一次得到多组解（可能是六组或者十二组，理论上说也可能得不到解），而且运动学性能不同。从测试的例子来看，统一综合方法得到的四杆机构的路径能更好地访问目标点。与精确综合的方法相比，不再需要切比雪夫定理的转化，降低了设计难度。

2.4 混合条件综合

平面连杆机构的运动学综合是一个经典的问题，被大量地研究，现提出了一种从过约束条件中利用圆锥曲线函数来快速选择五个点进行四杆机构运动综合的方法，是基于圆锥曲线和连杆曲线在目标领域内数值近似特性而去实现优化合成的方法。五个目标点使用精确运动合成方法得到四杆机构的参数，在求解运动合成结果时，把原求解方程组利用经典消元法化成了一组便于求解的三角列。本节用两个例子去说明这种方法，同时例子也显示了这种方法在求解过约束运动合成问题的优越性。

2.4.1 圆锥曲线筛选算法

圆锥曲线筛选算法的目的是将混合综合（即混合条件综合）问题转化为精确运动综合问题。通过快速选择目标设计点，将过约束问题转化为运动综合问题。由于对平面四杆机构的运动综合问题已有大量的研究，经过这样的转换，混合综合问题就可以得到全局最优解。

为了更好地解释圆锥曲线筛选算法的原理，首先回顾一下泰勒公式。泰勒公式通过构造一个多项式来近似描述目标函数在某一点的邻域内的值，该多项式利用目标函数的导数作为系数。泰勒公式的美妙之处在于，一个复杂的原始函数可以用一个简单的多项式来近似描述，而圆锥曲线筛选算法也是类似的原理。二元函数在点 (x_k, y_k) 的泰勒公式如下：

$$f(x,y) = f(x_k,y_k) + (x-x_k)f_x'(x_k,y_k) + (y-y_k)f_y'(x_k,y_k) +$$
$$\frac{1}{2}(x-x_k)^2 f_{xx}''(x_k,y_k) + \frac{1}{2}(x-x_k)(y-y_k)f_{xy}''(x_k,y_k) + \quad (2\text{-}93)$$
$$\frac{1}{2}(x-x_k)(y-y_k)f_{yx}''(x_k,y_k) + \frac{1}{2}(y-y_k)^2 f_{yy}''(x_k,y_k) + o^n$$

Blechschmidt[128]和 Bai[97]都提到连杆曲线是一个六次的非线性方程。然而，利用现有方法求解六次方程中连杆曲线仍然是一个具有挑战性的问题。使用圆锥曲线的五阶复合形式比使用传统的九点路径更容易，因此，提出了二次圆锥曲线筛选算法，主要是利用连杆曲线上的五点来合成一条二次曲线。在某些特定的范围内，合成的二次曲线的值可以近似于连杆曲线上的一个值。

圆锥曲线方程可以被表示为

$$f(x,y) = A_1 x^2 + A_2 xy + A_3 y^2 + A_4 x + A_5 y + A_6 = 0 \qquad (2\text{-}94)$$

式中，A_i 是圆锥曲线方程的系数，$A_1 \neq 0$。

令 $a_i = \dfrac{A_{i+1}}{A_1}$，那么，圆锥曲线方程可以被表示为

$$f(x,y) = x^2 + a_1 xy + a_2 y^2 + a_3 x + a_4 y + a_5 = 0 \qquad (2\text{-}95)$$

圆锥曲线筛选算法通过寻找一定范围内的圆锥曲线来代替连杆曲线计算误差。另外，使用二次曲线可以降低混合综合的计算难度和计算成本。虽然目前为止圆锥曲线筛选算法没有严格的数学证明，但从几何角度来看，其理论是直观的，结果可以在图 2-8 中得到证明。

在图 2-8 中，所有的点 P_1、P_2、P_3、P_4、P_5、P_6 都在连杆曲线 $\Gamma(x,y)$ 上，其中圆锥曲线方程的形式对应于式（2-95）。由式（2-95）可知，任意 5 个点都可以确定唯一的二次曲线，加 1 个点就可以确定额外的 5 条二次曲线：

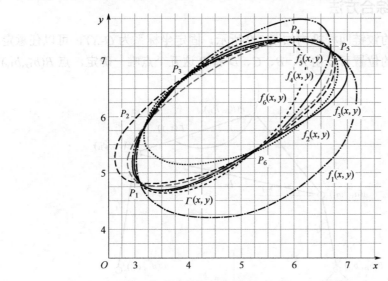

图 2-8　圆锥曲线筛选算法的几何示意图

$C_6^5 = \dfrac{6!}{5! \times (6-5)!}$。圆锥曲线 $f_i(x,y)$ 和连杆曲线 $\Gamma(x,y)$ 在一定范围内（或一个较大的邻域）具有高度相似的曲线特性。例如，在（P_1—P_2、P_4—P_5）范围内的圆锥曲线 $f_1(x,y)$ 与连杆曲线的误差较小；尽管它们的形状相似，在（P_1—P_2、P_4—P_5）较大范围内的圆锥曲线 $f_4(x,y)$ 与连杆曲线的误差较大。所以，圆锥曲线和连杆曲线在一定范围内的误差较小。

用圆锥曲线与各点之间的值代替连杆曲线与各点之间的值。最适合合成连杆曲线的点是由优化理论计算出的圆锥曲线对应的五个点，这个选择过程遵循快速圆锥曲线筛选算法。在筛选过程中没有考虑角度问题，由于在一定范围内的曲线是高度相似的，我们假设曲线的性质也是相似的。

圆锥曲线筛选算法的过程可分为以下三个步骤：

① 计算所有姿态点的约束组合。

② 计算圆锥系数，求解相应的误差。

③ 求圆锥曲线的最小误差。

目标函数误差最小的表达式可以表示为

$$f_{\mathrm{obj}} = \sum_{i=1}^{N} |P_{iy} - f_i(x)| \qquad (2\text{-}96)$$

式中，$f_i(x)$ 是圆锥曲线函数；P_{iy} 是已知的。

2.4.2　混合综合方法

一个典型的铰链四杆机构如图 2-9 所示，固定坐标系为 $O\text{-}XY$，可以任意定位。四杆机构的位置可以由 A、B、C、D 和 P 这五个点唯一确定。点 $B(b_{1x}, b_{1y})$

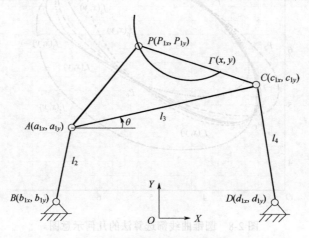

图 2-9　典型的铰链四杆机构

和 $D(d_{1x},d_{1y})$ 是固定的铰链轴点坐标，$A(a_{1x},a_{1y})$、$B(b_{1x},b_{1y})$、$C(c_{1x},c_{1y})$ 和 $D(d_{1x},d_{1y})$ 为坐标系 $O\text{-}XY$ 的坐标值，转动关节（A 和 C）在第 i 位姿的位置由 $A(a_{ix},a_{iy})$ 和 $C(c_{ix},c_{iy})$ 表示，θ 是直线 AC 和水平轴之间的旋转角度，θ_i 是第 i 位姿的旋转角度。

四杆机构可以划分为两个双杆组，分别是 PAB 和 $PACD$。因为双杆组有相同的运动综合方程，所以只用一个双杆组进行运动学综合。

连杆 AB 的长度在机构运动过程中保持不变，因此，有杆长约束方程

$$(a_{ix}-b_{1x})^2+(a_{iy}-b_{1y})^2=(a_{1x}-b_{1x})^2+(a_{1y}-b_{1y})^2, i=2,3,\cdots,5 \qquad (2\text{-}97)$$

式中，a_{ix} 和 a_{iy} 的表达式可以写为

$$\begin{bmatrix} a_{ix} \\ a_{iy} \\ 1 \end{bmatrix}=\begin{bmatrix} \cos\theta_i & -\sin\theta_i & P_{ix}-P_{1x}\cos\theta_i+P_{1y}\sin\theta_i \\ \sin\theta_i & \cos\theta_i & P_{iy}-P_{1x}\sin\theta_i-P_{1y}\cos\theta_i \\ 0 & 0 & 1 \end{bmatrix}\begin{bmatrix} a_{1x} \\ a_{1y} \\ 1 \end{bmatrix} \qquad (2\text{-}98)$$

将式（2-98）代入式（2-97）中，化简得到运动综合方程组：

$$F_i(a_{1x},a_{2y},b_{1x},b_{2y})=(P_{ix}-b_{1x}-P_{1x}\cos\theta_i+P_{1y}\sin\theta_i+a_{1x}\cos\theta_i-$$
$$a_{1y}\sin\theta_i)^2+(P_{iy}-b_{1y}-P_{1y}\cos\theta_i-P_{1x}\sin\theta_i+a_{1y}\cos\theta_i+ \qquad (2\text{-}99)$$
$$a_{1x}\sin\theta_i)^2-(a_{1x}-b_{1x})^2-(a_{1y}-b_{1y})^2, \quad i=2,3,\cdots,5$$

式（2-99）是一个由四个方程和四个参数（a_{1x}，a_{1y}，b_{1x}，b_{1y}）组成的方程组。该方程组不能用传统的方程求解器直接求解，采用经典消元法对其进行简化[129]。用该方法简化的方程组是三角方程组，可以直接用新求解器求解提高了计算效率。由于解析表达式的复杂性，导出一组简化表达式：

$$F_2(a_{1x},a_{1y},b_{1x},b_{1y})=0 \qquad (2\text{-}100)$$

$$F_3(a_{1y},b_{1x},b_{1y})=0 \qquad (2\text{-}101)$$

$$F_4(b_{1x},b_{1y})=0 \qquad (2\text{-}102)$$

$$F_5(b_{1x},b_{1y})=0 \qquad (2\text{-}103)$$

在式（2-102）~式（2-103）中，参数 a_{1x} 和 a_{1y} 被消去。式（2-102）~式（2-103）为二元四次方程，其解析解可通过符号计算得到，将得到的解代入式（2-100）~式（2-101）将得到所有解。

给出四杆机构混合条件综合的流程，具体步骤如下：

① 以平面坐标系的形式给出混合约束条件。

② 计算函数 $f(x,y)$ 的最小值对应的五个 $P_i(P_{ix},P_{iy})$。

③ 将求解得到的参数 $P_i(P_{ix}, P_{iy})$ 代入式（2-102）和式（2-103），则可以求解得到参数 b_{1x} 和 b_{1y} 的值。

④ 将求解得到的参数 b_{1x} 和 b_{1y} 的值代入式（2-100）和式（2-101），则可以求解得到参数 a_{1x} 和 a_{1y} 的值。

⑤ 在所有运动综合结果中找到满足所有条件的连杆组合。

2.4.3 算例

使用一个算例来解释混合条件综合方法如何求解带有混合约束的平面四杆机构。算例在表 2-10 给出，这个算例是找到一条连杆曲线，误差尽可能小地通过九个姿态和三个路径点。

表 2-10 连杆跟踪的点和姿态

No.	x	y	$\theta/(°)$	No.	x	y	$\theta/(°)$
1	7.63730379	7.98017563	29.1211479	7	3.21942402	6.35153936	29.8519856
2	7.11832387	8.15931571	25.9649127	8	2.55291100	5.08523617	39.231118
3	6.59604767	8.19826078	24.2977293	9	2.43783943	4.00675779	50.3931406
4	5.76767159	8.07835497	23.1865361	10	7.00462396	8.27335539	—
5	5.02493403	7.80829128	23.3640153	11	2.40773380	4.94647693	
6	4.04310994	7.19442943	25.4316473	12	2.35251590	4.29766660	—

表 2-10 中包含了九个姿态约束和三个点约束，因此，一共分为 $126\left(C_9^5 = \dfrac{9!}{5! \times (9-5)!}\right)$ 组。第一组代入式（2-94）得到圆锥曲线方程的系数矩阵：

$$\begin{bmatrix} 60.947026 & 63.683203 & 7.6373038 & 7.9801756 & 1.0 \\ 58.080652 & 66.574433 & 7.1183239 & 8.1593157 & 1.0 \\ 54.076119 & 67.21148 & 6.5960477 & 8.1982608 & 1.0 \\ 46.593298 & 65.259819 & 5.7676716 & 8.078355 & 1.0 \\ 39.236149 & 60.969413 & 5.024934 & 7.8082913 & 1.0 \end{bmatrix} \begin{bmatrix} a_1 \\ a_2 \\ a_3 \\ a_4 \\ a_5 \end{bmatrix} = \begin{bmatrix} 58.328409 \\ 50.670535 \\ 43.507845 \\ 33.266036 \\ 25.249962 \end{bmatrix}$$

（2-104）

求解系数矩阵的线性方程式（2-104），可得到与第一组姿态对应的圆锥曲线的五个系数。进一步求解其余的 125 组，共得到 126 组。其中最优误差计算值为 0.12，函数的最小值对应一组坐标点为 P_1、P_3、P_6、P_8 和 P_9。

这五个点是从一组点 $P_1 \sim P_9$ 中选取的，$P_{10} \sim P_{12}$ 只影响误差的计算。将表 2-10 中的混合综合问题转化为精确综合问题，每个点和位姿的实现类型在表 2-11 中给出。

表 2-11　点和姿态的综合类型

No.	x	y	$\theta/(°)$	综合类型
1	7.63730379	7.98017563	29.1211479	精确
2	7.11832387	8.15931571	25.9649127	近似
3	6.59604767	8.19826078	24.2977293	精确
4	5.76767159	8.07835497	23.1865361	近似
5	5.02493403	7.80829128	23.3640153	近似
6	4.04310994	7.19442943	25.4316473	精确
7	3.21942402	6.35153936	29.8519856	近似
8	2.55291100	5.08523617	39.231118	精确
9	2.43783943	4.00675779	50.3931406	精确
10	7.00462396	8.27335539	—	近似
11	2.40773380	4.94647693	—	近似
12	2.35251590	4.29766660	—	近似

将最小误差值对应坐标点的值代入式（2-100）～式（2-103）得到如下的结果

$$1.4873623a_{1y} - 3.5079348a_{1x} + 3.3704466b_{1x} - 1.7770601b_{1y} + $$
$$0.0070828515a_{1x}b_{1x} + 0.16817027a_{1x}b_{1y} - 0.16817027a_{1y}b_{1x} + \qquad (2\text{-}105)$$
$$0.0070828515a_{1y}b_{1y} + 3.6294633 = 0$$

$$15.88581a_{1y} - 1.198726b_{1x} - 14.036419b_{1y} - 0.92975729a_{1y}b_{1x} - $$
$$0.33015879a_{1y}b_{1y} + 0.95379473b_{1x}b_{1y} - 0.00021446474a_{1y}b_{1x}^2 - \qquad (2\text{-}106)$$
$$0.00021446474a_{1y}b_{1y}^2 + 0.043993432b_{1x}^2 + 0.3221244b_{1y}^2 - 29.494411 = 0$$

$$-0.0003275b_{1x}^4 - 0.0078881b_{1x}^3b_{1y} + 0.1797856b_{1x}^3 - 0.0029736b_{1x}^2b_{1y}^2 + $$
$$0.4658933b_{1x}^2b_{1y} - 8.878569b_{1x}^2 - 0.0078881b_{1x}b_{1y}^3 + 0.0108701b_{1x}b_{1y}^2 - $$
$$0.8654925b_{1x}b_{1y} + 88.138358b_{1x} - 0.0026461b_{1y}^4 + 0.0840083b_{1y}^3 + \qquad (2\text{-}107)$$
$$3.423147b_{1y}^2 - 79.961537b_{1y} - 83.024153 = 0$$

$$-0.0011411b_{1x}^4 - 0.0274823b_{1x}^3b_{1y} + 0.6161868b_{1x}^3 - 0.0103489b_{1x}^2b_{1y}^2 + $$
$$1.401191b_{1x}^2b_{1y} - 25.790778b_{1x}^2 - 0.0274823b_{1x}b_{1y}^3 + 0.5282097b_{1x}b_{1y}^2 - $$
$$11.244238b_{1x}b_{1y} + 261.37812b_{1x} - 0.0092078b_{1y}^4 + 0.4855811b_{1y}^3 - \qquad (2\text{-}108)$$
$$1.079374b_{1y}^2 - 82.96315b_{1y} - 463.77343 = 0$$

求解式（2-105）～式（2-108）得到参数 a_{1x}、a_{1y}、b_{1x} 和 b_{1y} 的值，共 12 组，具体参数值如表 2-12 所示。

表 2-12　综合方程的计算结果

No.	a_{1x}	a_{1y}	b_{1x}	b_{1y}
1	11.6	7.99	12	1.97×10^{-11}
2	23.6	−12.4	−6.36	63.4
3	18.9	10.5	15.5	13.7
4	13.8	9.64	56	−121
5	5.52	4.59	4	2
6	11.7	14.9	38.5	−69.7
7	25.3	20.5	17.8	20.1
8	14.8	12.4	9.71	20.5
9	370	59.7	9.71	20.5
10	27.4	25.9	9.71	20.5
11	17.2	20.5	1.29	20.8
12	4.09×10^{17}	7.98	−4277	201

由于点 P_1 的角度为 29.1°，得到一个全局最优解，结果见表 2-13，平面连杆曲线轨迹结果见图 2-10。

表 2-13　五个点综合的最终结果

项目	a_1	a_2	b_1	b_2	c_1	c_2	d_1	d_2
数值	5.52	4.59	4	2	11.6	7.99	12	0

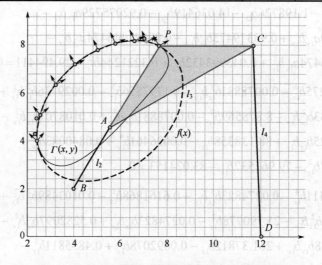

图 2-10　综合结果的平面连杆曲线轨迹跟踪情况

本节提出一种求解平面四杆机构混合综合问题的方法。首先，通过圆锥曲线筛选算法将混合综合问题转化为精确运动综合问题。然后，重新推导了运动综合问题的方程，得到三角方程组。在此基础上，运动综合方程 $F_i(a_{1x},a_{1y},b_{1x},b_{1y})$ 更易于用一般方程求解器求解。

本节主要研究了一类混合综合问题（$2M+N>10$，$M>5$）。与文献[121]中提出的运动学映射方法相比，所开发的二次曲线滤波算法更容易实现自动求解。与文献[122]中提出的基于傅里叶近似的解析法相比，不需要考虑额外转化而且过程更为简洁。该方法适用于研究运动与路径综合相结合的混合综合问题。此外，该方法以低阶曲线逼近高阶曲线的原理，对求解其它非线性问题也有潜在的价值，如平面四杆机构 N 个点（$N>9$）的路径综合问题。

2.5　膝关节外骨骼重构综合方法

对膝关节具体的运动形式进行直接综合并没有成熟的理论方法。在此，使用组合综合方法，分别实现特定轨迹合成和瞬时自由度。膝关节外骨骼重构综合目标是能够在不同速度下分别得到不同的轨迹运动曲线，而且能够实现双自由度。

在构建了基础的连杆综合理论后，建立膝关节外骨骼的综合方法。外骨骼样机和单独的膝关节外骨骼的建立，多数都是将膝关节抽象为一个单自由度机构，采用一个转动副代替，不能适应膝关节高速运动的要求，而且转动副近似跟踪膝关节时两者之间的旋转轴线会发生错位。另外，膝关节在运动过程中还有一个局部自由度。为了综合得到一个满足上述功能要求的膝关节外骨骼，提出一种功能组合法，将膝关节外骨骼根据功能不断拆分，最后组合得到膝关节外骨骼。

基于组合方法可以有效降低综合难度。膝关节外骨骼的运动轨迹综合实现了跟随人体膝关节的运动轨迹，将跟踪不同速度的轨迹进行组合，还要膝关节外骨骼在一个小范围内拥有两个自由度，进而高度还原膝关节外骨骼跟随人体膝关节的运动。

功能组合法是将设计构件实现的功能拆分为单一功能，根据单一功能基于连杆综合方法进行设计。然后，根据可重构特性将各个功能单一构件进行组合得到设计机构。以膝关节外骨骼综合为例，膝关节外骨骼的目标功能是实现两个自由度，能够跟踪膝关节的灵活运动。其中一个自由度的运行具有特定轨迹，第二个自由度只能在一定范围内运动。再基于上述功能进行连杆综合得到连杆机构。最后，基于可重构原理将上述连杆进行组合得到膝关节外骨骼。

2.6　本章小结

本章首先介绍了进行连杆综合的数学基础理论的非线性多项式消元法，之后分析了对应三种不同情况的连杆综合方法。当有连杆曲线方程时，提出了一种完全解析法求解四杆机构参数。主要通过化简九元八次的非线性方程组，得到一个关于其中四个参数的四元三次的同解方程组，然后化简代入其余方程，得到连杆曲线方程的全部同源机构参数。当已有一组带有输入角度的路径点时，提出了一种统一的时序路径综合方法，主要贡献在于将近似和精确的时序路径综合问题统一在基于精确综合的一个求解框架下。当给定的是路径点和姿态点的混合问题时，介绍了混合问题的综合方法。将上述三种方法作为基础理论，进而构建了膝关节外骨骼的功能组合法。

第**3**章

膝关节外骨骼的尺度综合

膝关节在运动过程中具有重要作用。人在行走或者跑步的运动过程中，都需要膝关节参与。此外，膝关节在运动过程中具有减震缓冲的作用。解剖学也认为膝关节是我们人体内最大、最复杂的关节，担负着人体下肢运动的重要功能。

外骨骼机器人是一种可穿戴的机器人，可以帮助患者康复以及提高健康人的耐力。下肢外骨骼机器人是外骨骼机器人中不可或缺的组成部分，而膝关节外骨骼是下肢外骨骼机器人的一种。膝关节外骨骼的轴线错位是一个不容忽视的问题。人体膝关节包含滚动和滑动两种混合运动，导致膝关节的关节轴线位置浮动。外骨骼采用固定轴线结构会与人体浮动的膝关节产生轴线错位。轴线错位不仅会影响外骨骼助力效率，也会有安全风险。目前，膝关节外骨骼的发展制约着下肢外骨骼的发展，这决定了开展膝关节外骨骼研究的必要性和迫切性。轴线错位通常有两个原因：一个是固定的机构尺寸和人体尺寸的不匹配错位，另一个是外骨骼固定的旋转轴线与人体浮动的膝关节轴线错位。由于尺寸不匹配引起的错位，已经通过外骨骼系列化和伸缩结构得到较好的解决。由膝关节轴线错位带来的挑战更为突出，本章的错位研究针对第二个原因引起的轴线错位。

3.1 膝关节外骨骼的错位

膝关节外骨骼结构综合的前提是对人体膝关节实际运动的理解。尽管不同人的骨骼模型、肌肉特征不相同，但大多数人在行走过程的神经、肌肉、骨骼系统的协调是相似的。在运动过程中，骨骼相对位移和速度特征也是相似的，这是实验的基础和理论成立的前提条件。从下肢运动整体而言，将膝关节视为一个单自由度的关节，忽视膝关节的局部自由度不影响对下肢运动过程的认识。

当需要认识膝关节在下肢运动过程的作用时，忽略膝关节的局部自由度就会产生不容忽视的影响。所以，有必要对膝关节的运动过程进行进一步的研究。

膝关节在运动学分析中是单自由度的关节。如果以转动副（R 副）去近似膝关节的运动，就会产生膝关节的轴线错位。从外骨骼的应用场景来看，轴线错位对运动速度需求较低的应用场景影响适中，如对体育运动的外骨骼和工业使用的外骨骼影响适中，而对医疗领域和军事领域应用的外骨骼产品，轴线错位产生的影响较大。不同运动场景和速度下的轴线错位程度不尽相同。为了使外骨骼能够拥有更好的助力效果和外骨骼与皮肤接触时的界面力减少，适合不同运动场景和速度的膝关节外骨骼成为发展下肢外骨骼不可或缺的研究内容。为了方便描述，对人体测量的基准面做出如下定义，如图 3-1 所示。

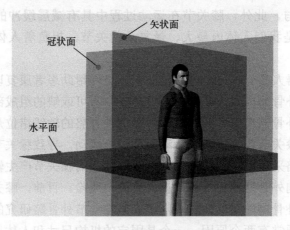

图 3-1　人体测量的基准面

在图 3-1 中，矢状面将人体分为左右两部分，冠状面将人体分为前后两部分，水平面将人体分为上下两部分。

3.1.1　运动过程分析

膝关节的主要运动可以描述为弯曲伸展运动。首先是弯曲运动，可以简单地描述为小腿向靠近大腿的方向运动，也可以描述为站立—抬腿—屈膝运动。然而，对于弯曲的运动范围的描述需要增加臀部状态的描述，因为当臀部和膝关节一起弯曲时，膝关节的弯曲范围最大；当臀部伸展而膝关节弯曲时，膝关节最大仅可以弯曲 120°。除了最简单的运动范围的变化，还有在不同运动时刻膝关节出现的局部自由度。

膝关节在完全伸展时，由于股骨髁和胫骨髁之间交锁，而且股内侧髁比外侧髁长，因此膝关节的旋转自由度消除。在膝关节从伸展到屈曲的过程中，旋转自由度的锁死被消除，而且旋转的范围不断增大。当膝关节的屈曲达到 90°的时候，膝关节的旋转范围达到最大，外旋 0～30°，内旋 0～30°。当膝关节继续运动屈曲超过 90°时，内旋和外旋的范围由于交锁机制反而开始缩小。在冠状面上单独分析内旋和外旋的情况，当膝关节完全伸直时，膝关节不能在冠状面上进行活动；随着膝关节不断运动屈曲，达到 30°时，内旋/外旋的活动范围会有一定程度的增大，但是一般是几度的变化；随着膝关节不断运动屈曲，超过 30°时，膝关节在冠状面的活动范围开始减小。

3.1.2　错位分析

膝关节是人体最复杂的关节之一，膝关节与穿戴外骨骼的错位一直基于实践总结和生物解剖学的定性解释。为了进一步研究膝关节外骨骼的结构设计，有必要对膝关节与外骨骼的错位机理进一步研究。

一般认为膝关节具有一个自由度（在矢状面的一个旋转自由度）。大多刚性膝关节外骨骼的设计往往使用一个平面转动副去近似膝关节的运动，但膝关节的运动轨迹并不是简单的圆周运动，而是有特定轨迹的运动[67,72]。

解剖学将膝关节分为两部分，分别是股骨和胫骨。当人站立时，股骨和胫骨都是竖直状态，交点的垂线在图 3-2 中 0 线部分。随着股骨从 30°到 90°的弯曲，股骨和胫骨之间的交线从 0 线向后移动到 90°线的位置。旋转中心也随着角度不断变化。通过对膝关节的运动过程分析，把膝关节单纯地描述为单自由度转动副，不能清晰反映膝关节运动过程。

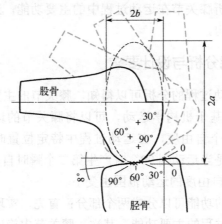

图 3-2　膝关节的屈伸运动位置图[67]

从生物解剖学的角度来看，膝关节拥有弯曲/伸展和内旋/外旋两个自由度的运动。其中弯曲/伸展是主要运动，内旋/外旋保证了膝关节和下肢运动的灵活性。另外，膝关节的内旋/外旋自由度是一个在局部范围运动的局部自由度。一般的基本双自由度机构，如圆柱副和球销副，虽然有相同的自由度，但并不能实现膝关节的轨迹运动。多数刚性膝关节外骨骼的设计为平面转动副的结构，这样典型结构的旋转中心能通过调整杆长对准某一时刻的旋转中心，膝关节运动后就会发生轴线错位。Walker[130]等通过测量膝关节在运动过程中的旋转中心变化，提出膝关节运动时的中心变化曲线类似 J 形曲线。膝关节与膝关节外骨骼之间旋转轴线的差异，证明了两者进行并行运动时错位发生的必然性。

发生错位后，研究错位规律是消除和降低错位影响的有效手段。通过运动过程分析，确定了平面转动副的膝关节外骨骼与膝关节必然会发生错位。Schertzer 和 Riemer[131]进行的不同速度（2.0m/s、3.0m/s、4.0m/s 和 5.0m/s）下膝关节运动的实验显示，运动越剧烈膝关节的弯曲角度越大。随着速度的不断提升，膝关节在一个步态周期内的弯曲/伸展幅度会越大。那么穿戴膝关节外骨骼后，外骨骼和膝关节之间的错位也会随速度的增加而增加，从而影响穿戴外骨骼的助力效率和使用时的安全性能，这也是进一步研究膝关节运动轨迹和设计膝关节外骨骼的必要原因。

3.2　膝关节外骨骼的设计方法

降低轴线错位影响的有效办法是认识错位规律后，基于膝关节在运动过程中实现的功能去设计膝关节外骨骼的功能，这样才能有效降低两者并行运动时的错位。下面主要分析膝关节在运动过程中的主要功能，进而基于膝关节功能设计膝关节外骨骼结构。

3.2.1　膝关节功能分析与设计要求

通过对膝关节运动过程的分析可以得知，膝关节的主要运动是发生在矢状面的特定轨迹运动。基于机构学运动，可以将膝关节的运动功能描述为：机构在一般位置拥有一个自由度，在运动过程中特定位置时有额外的瞬时自由度，这个特定位置就是当运动到 90°时产生第二个瞬时自由度的位置，并且偏离 90°的范围，瞬时自由度的运动范围也变小。

膝关节运动过程的功能可以分成两个部分：首先，实现膝关节弯曲/伸展功能，这是膝关节运动过程的主要功能；其次，膝关节内旋/外旋功能，这是膝关节灵活运动的根本保证。以上两个膝关节功能是膝关节外骨骼设计时的主要目标和设计要求，同时保证实现两个自由度时的特定轨迹而降低由于轴线错位的程度引起的舒适性不佳的感觉。

3.2.2　膝关节外骨骼的功能设计方法

在明确膝关节外骨骼的期望功能后，并不能找到现有成熟的系统方法直接实现自由度可变机构结构和尺度综合（也称为可重构机构的结构和尺度综合）。实现基于不同功能的相似机构的组合是实现一个机构多种功能（一机多用）的有效手段，因此提出功能组合的结构综合方法来减小膝关节外骨骼综合的难度。功能组合的结构综合方法是针对单一功能进行综合，然后对实现不同任务功能的机构进行组合实现重构，机构重构的优势在于保证结构简单的同时，实现多种任务多机构的要求。更为一般的描述为：在机构输入特性不发生改变的情况下，机构根据不同的任务需求改变输出特性。机构重构的难点在于在找到一个机构能满足任务需求的基础上，继续找到一组相似机构满足不同任务需求。

具体到膝关节外骨骼综合的实际问题，膝关节外骨骼要实现膝关节的弯曲/伸展功能，同时，在弯曲/伸展的过程中降低膝关节和膝关节外骨骼的错位。在分析不同速度膝关节的屈伸角度时发现，速度越高错位将会越明显。所以，针对不同速度情况，构建一组机构实现对于不同速度的跟踪，以减少高速运动时膝关节外骨骼错位的影响。膝关节外骨骼另外一个功能是实现膝关节的内旋/外旋。通过运动过程分析发现，在一段运动过程中，使用单转动副去实现对应功能会使机构变得复杂，因此提出使用柔性单元的结构形变实现内旋/外旋的小范围运动。

3.2.3　平面四杆机构的优势

针对构型的任务目标进行分析，单自由度机构能够在不同速度下跟踪膝关节的特定轨迹。对于单自由度机构，理论上可以列举出无数种组合，以下将组合区分为平面机构和空间机构进行列举。

首先是平面机构，最简单的是平面转动副和平面移动副。这两种结构都不能满足构型任务目标，因为平面转动副和平面移动副的运动轨迹分别是圆周和直线，无法实现膝关节的特定运动轨迹。对于实现特定轨迹的单自由度机构还有最经典的平面四杆机构，当然单自由度的平面机构还有平面六杆机构、八杆机构等，因为拓扑结构简单，一般选择平面四杆机构。

理论上两杆转动副的运动轨迹能够到达工作平面的任意位置，但在实际应用于膝关节外骨骼时，膝关节运动在不同姿势时具有特定角度，这时外骨骼就会被指定位置。那么，应用两杆转动副设计的膝关节外骨骼，当限定一杆的空间角度时，另一杆的轨迹只能是圆弧轨迹。基于两杆转动副而设计的膝关节外骨骼机构就会受到两杆转动副特性的制约，出现输出轨迹和角度的矛盾。

还有空间机构可以考虑。基于平面转动副和平面移动副的运动轨迹可以确定单个运动副不能实现构型任务目标。对于空间机构来说，自由度也发生了变化，空间单自由度的空间四杆机构也是最优的选择。但是，考虑到膝关节构型功能叠加，仍然采用平面四杆机构的拓扑结构进行尺度综合。

3.3 膝关节不同速度的轨迹实验

为了实现膝关节外骨骼和人体膝关节的同步运动，有效遏制两者之间的错位，对人体膝关节的运动轨迹进行了分析。人体膝关节滑动和滚动两种方式的运动，造成了人体膝关节与外骨骼的关节错位，也造成了膝关节外骨骼设计难度的上升。为了给膝关节外骨骼设计提供原始数据支撑，对膝关节运动过程的轨迹进行实验采集。由于膝关节外骨骼的目标应用是助力型下肢外骨骼，而助力型下肢外骨骼的一个典型应用是士兵穿戴外骨骼对后勤物资的运送，所以将我国军人体能标准中对行走速度的要求取整调节后作为实验设计速度。实验分别设置 1.5m/s、2.5m/s、3.5m/s 三种速度，其中速度 1.5m/s 为军队正常行军要求速度 5km/h 换算成 1.38m/s 后近似所得，速度 2.5m/s 为军队急行军要求速度 10km/h 换算成 2.77m/s 后近似所得，速度 3.5m/s 为军人 3000m 长跑合格体能标准（3000m/14min）换算为 3.57m/s 后近似所得。

3.3.1 实验模型与测试原理

人体运动追踪方式，从原理上可以分为两大类：一类是基于光学的视觉跟踪系统，另一类统称为非视觉跟踪系统。本节基于视觉跟踪系统，采用相机和光学传感器配合采集人体运动。实验中使用的数据采集系统是 Oxford Metrics Limited 公司基于标记的 VICON 光学运动捕捉跟踪系统。

实验设置的标定球标记情况如图3-3 所示。同时设置一台跑步机以方便设置不同预定运动速度，并被高速相机记录。

为准确地采集膝关节在运动过程中的实际运动数据，采用标定球与高速相机相结合的光学式运动捕捉。通过高速相机采集贴在皮肤的标定球运动轨迹，间接地采集膝关节的运动。光学式运动捕捉是对标定球持续跟踪来完成运动捕捉的任务。从理论上说，对于一个标定球，只要它能同时被两部特定位置相机所见，那么根据相机之间的位置几何关系和标定球参数的记录，可以确定这一时刻该点在空间中相对于标记原点的位置。当高速相机以高的速率连续拍摄时，在图像序列中就可以得到该点的运动轨迹。

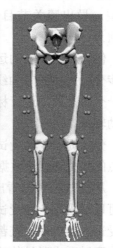

(a) 膝关节轨迹实验场景　　(b) 标定球的实际安装位置　(c) 标定球模型设置位置

图 3-3　受试者标定球的设置情况

3.3.2　实验方法

在进行测试之前，每一名受试者都进行静态标定。受试者均为男性，平均年龄（25±3）岁，平均身高（177±13）mm，平均体重（72.5±17.5）kg。每名受试者身体状况良好，走路和跑步时的步态无明显异常，且都同意参加测试实验。每名受试者身上放置 36 个标定球，其中 18 个为追踪板上反射性标定球。使用 12 台 Vicon MX 相机在 100Hz 下测量标记位置，标记位置在 15Hz 下用零相位四阶巴特沃斯滤波器进行低通滤波。在经过误差标定与误差校验后，收集 4 名受试者在不同速度下运动轨迹。

记录 4 名受试者分别以 1.5m/s、2.5m/s 和 3.5m/s 三种速度在跑步机上跑步时的运动姿势和标定球（标记点）数据。每名受试者在跑步机上先以 1.5m/s 的速度开始运动 10～20s，保证相机记录帧数在 1000～1200 帧，依次进行 2.5m/s、3.5m/s 速度的测试，在完成 3 种速度测试后，休息 5min 左右。再重复两次上述过程，完成实验。

3.3.3　实验结果

对采集到的三次实验结果进行分析，选取跟踪过程数据丢失较少的一组，基于静态数据采集的文件进行数据校验并输出实验的数据文件（c3d 和 csv 文件）。将数据文件经过运算在计算机生成模拟运动，根据运动的流畅形式进行残差运算，生成质量较高的仿真模型。分别对每位受试者在不同速度下建立运动模型，导出膝关节目标点周围的标定球的轨迹数据，并将上述数据生成运动轨迹。

假设左右下肢的运动数据相同，选择右下肢的运动数据进行研究。为了进一步分析人体关节轴线的滚动和旋转情况，对实际的旋转情况做投影处理。选择一个步态周期进行标记点位置输出，通过标记点的相互位置，确定膝关节的运动轨迹。

分别提取 4 名受试者在 1.5m/s、2.5m/s、3.5m/s 的运动轨迹，并将 36 个标记点的膝关节轨迹数据导出，将数据加权平均后的轨迹如图 3-4 所示。

从图 3-4 可以看出膝关节轨迹的多样性，不同受试者的轨迹并不相同，但也可以看出每一名受试者的轨迹都有一定规律可循。随着运动速度上升，每一名受试者的运动轨迹都呈现"外扩"趋势，不同速度之间有一定的重合区域，但也可以看出明显的轨迹分层，总体看来轨迹是在一定范围内。另外，膝关节运动轨迹与人和步态有密切关系，这也是膝关节与外骨骼轴线错位无法彻底消除的根本原因。

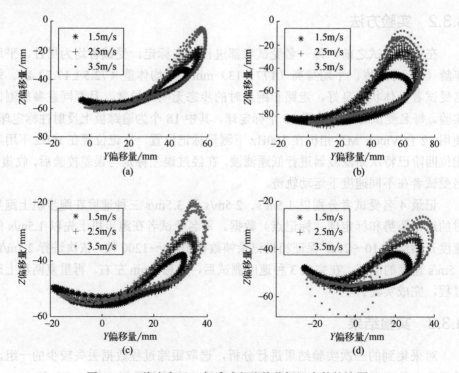

图 3-4　三种速度下 4 名受试者膝关节标记点的轨迹图

3.3.4　结果分析

首先，不同速度下的轨迹有明显的区分，可以看出随着速度的增加，轨迹的运动范围增大，这一结果也和膝关节速度越高时运动幅度越大的常识保持一致。所以，基于单个转动副的膝关节外骨骼会有明显错位。膝关节的回转中心浮动并且随着膝关节的运动而变化，这也说明了在轴心对齐后仍然产生错位和内力的根本原因。

对某一位受试者的运动轨迹研究会发现，不同时刻的运动轨迹在一定范围内波动，这就导致刚性有确定轨迹的结构在人体穿戴后会发生轴线错位情况。由于刚性外骨骼被绑缚于大腿和小腿部位，这样一定范围内的轨迹运动与确定性的单一轨迹运动会有明显错位。

针对 4 位受试者进行运动轨迹分析可以发现，各位受试者的运动轨迹也不尽相同，而且不同人的行走步态轨迹受多种因素的影响，这说明单一特定轨迹也会形成轴线错位。同时上述 4 名受试者形成轨迹的坐标也不尽相同，与刚性外骨骼形成特定轨迹的运动也会形成轴线错位。不过针对这一项误差，目前已有不错的解决方法。一方面是在膝关节处增加额外的自由度形成轴线位置可调节的结构，消除一部分的轴线错位。另一方面将相关结构形成系列化，减小轴线错位的程度。

通过上述分析发现，轴线错位是一个多方面因素混合影响的结果，基于功能组合的方法可以很好地适应多个功能的要求，而且这样的功能组合可以降低综合的难度。基于轨迹特征较好的第三名受试者的运动轨迹，如图 3-4（c）所示，进行第一步的综合分析。

基于轨迹的综合方法分别对图 3-4（c）的不同速度轨迹进行综合。将 1.5m/s、2.5m/s、3.5m/s 三种速度下的轨迹分开处理，针对每一种速度进行连杆综合设计。

3.4　膝关节外骨骼的综合方法

基于膝关节实际位置提取和轨迹绘制，对轨迹模型整理，去掉部分干扰因素。应用轨迹综合理论对参数化的条件进行综合，并对综合得到四杆机构的轨迹进行误差分析。基于机构综合理论得到一个结构简单的膝关节外骨骼。具体步骤是将在实验得到的运动膝关节的轨迹点进行投影，并使用幂函数多项式对点拟合。在拟合得到的幂函数多项式曲线上构建精确合成的目标点，以经过精确目标点为综合目标，从而得到膝关节外骨骼结构。

3.4.1 目标点的提取

　　膝关节在实现行走功能的过程中是一个单自由度机构。通过对模型数据的计算得到关节附件标记点，对轨迹进行投影得到二维点。将 1.5m/s 的速度轨迹沿函数 $f(x)$ 分为两部分，函数 $f(x)$ 的表达式为

$$f(x) = p_1 x^3 + p_2 x^2 + p_3 x + p_4 \tag{3-1}$$

　　式中，$p_1 = -0.00009704$；$p_2 = 0.01764$；$p_3 = 0.03437$；$p_4 = -55.36$。

　　利用六次多项式对点云进行拟合，得到了多项式的具体表达式。根据表达式计算所有拟合点的残差值，拟合曲线和点的残差如图 3-5 和图 3-6 所示。其中拟合函数为六次多项式，表达式如下

$$y = a_1 x^6 + a_2 x^5 + a_3 x^4 + a_4 x^3 + a_5 x^2 + a_6 x + a_7 \tag{3-2}$$

　　式中，a_1、a_2、a_3、$\cdots$、a_7 是多项式的系数。对于拟合下半部分也使用了六次多项式，六次多项式的系数分别为：$a_1 = 7.805 \times 10^{-10}$，$a_2 = -5.806 \times 10^{-7}$，$a_3 = 1.541 \times 10^{-6}$，$a_4 = 0.000511$，$a_5 = 0.01574$，$a_6 = -0.02554$，$a_7 = -53.3$。

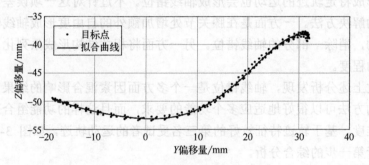

图 3-5　上半部分轨迹拟合曲线

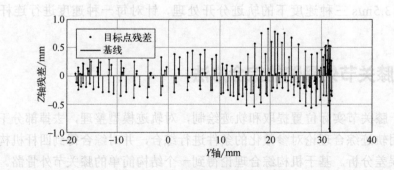

图 3-6　上半部分拟合曲线残差

　　对下半部分进行相同的分析，根据表达式计算了所有拟合点的残差值，拟合图和轨迹误差图如图 3-7 所示。下半部分拟合时的系数分别为：$a_1 = 4.672 \times$

10^{-8}，$a_2 = -1.304 \times 10^{-6}$，$a_3 = -2.244 \times 10^{-5}$，$a_4 = 0.0004021$，$a_5 = 0.0194$，$a_6 = -0.0223$，$a_7 = -55.99$。

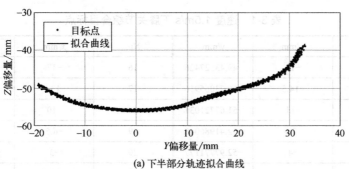

(a) 下半部分轨迹拟合曲线

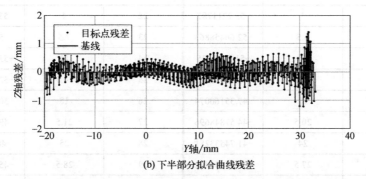

(b) 下半部分拟合曲线残差

图 3-7　下半部分轨迹的拟合曲线和对应的残差

　　为了提高轨迹合成的精度，选取变距步长，计算多项式的值，一共得到 30 个点，选取点的位置如图 3-8 所示。

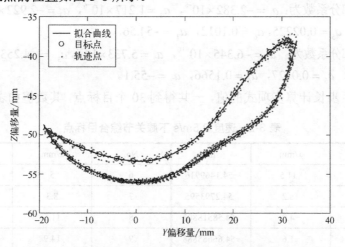

图 3-8　速度 1.5m/s 下膝关节的拟合轨迹和选点情况

从拟合曲线上轨迹点可以看出，点跨度范围约 50mm，得到的膝关节运动目标点位置数据如表 3-1 所示。

表 3-1　速度 1.5m/s 下膝关节综合目标点

No.	x/mm	y/mm	No.	x/mm	y/mm
1	-18	-49.43527426	16	-17	-50.87482779
2	-14.5	-50.73065916	17	-13.5	-53.02042787
3	-11	-51.67721031	18	-10	-54.27638
4	-7.5	-52.41986048	19	-6.5	-55.15722975
5	-4	-52.97771177	20	-3	-55.76082341
6	-0.5	-53.28335876	21	0.5	-55.99625118
7	3	-53.2211787	22	4	-55.74995417
8	6.5	-52.66458863	23	7.5	-54.989995
9	10	-51.5122695	24	11	-53.80849211
10	13.5	-49.72335723	25	14.5	-52.40221779
11	17	-47.35160074	26	18	-50.99135981
12	20.5	-44.57848696	27	21.5	-49.67644684
13	24	-41.74533281	28	25	-48.2334375
14	27.5	-39.38434412	29	28.5	-45.84697307
15	31	-38.24864159	30	32	-40.78179395

下面对速度 2.5m/s 下膝关节的轨迹进行拟合，仍然利用六次多项式 [式 (3-2)]。

上半部分系数为：$a_1 = -2.382 \times 10^{-8}$，$a_2 = 1.217 \times 10^{-6}$，$a_3 = -2.922 \times 10^{-5}$，$a_4 = 0.0003648$，$a_5 = 0.02225$，$a_6 = 0.1012$，$a_7 = -54.56$。

下半部分系数为：$a_1 = -6.345 \times 10^{-10}$，$a_2 = 5.733 \times 10^{-7}$，$a_3 = -4.253 \times 10^{-6}$，$a_4 = -0.000648$，$a_5 = 0.0127$，$a_6 = 0.1566$，$a_7 = -55.1$。

取变距步长计算多项式的值，一共得到 30 个目标点，其数值如表 3-2 所示。

表 3-2　速度 2.5m/s 下膝关节综合目标点

No.	x/mm	y/mm	No.	x/mm	y/mm
1	-11.5	-54.1469916	6	5	-53.46698156
2	-8.2	-54.2793595	7	8.3	-52.07717241
3	-4.9	-54.58518803	8	11.6	-50.15419734
4	-1.6	-54.66665888	9	14.9	-47.71275484
5	-1.7	-54.32209258	10	18.2	-44.7903395

No.	x/mm	y/mm	No.	x/mm	y/mm
11	21.5	−41.47902109	21	6	−53.84425151
12	24.8	−37.97937273	22	9.2	−53.08200961
13	28.1	−34.67654835	23	12.4	−52.37568684
14	31.4	−32.23850929	24	15.6	−51.75780107
15	34.7	−31.73640009	25	18.8	−51.18588678
16	−10	−54.8484945	26	22	−50.52155709
17	−6.8	−55.3913717	27	25.2	−49.51005622
18	−3.6	−55.46999729	28	28.4	−47.76030247
19	−0.4	−55.16056664	29	31.6	−44.72542181
20	2.8	−54.57633995	30	34.8	−39.68377191

拟合曲线图和选点位置如图 3-9 所示。

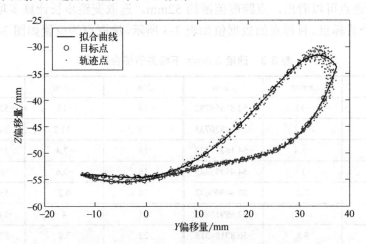

图 3-9　速度 2.5m/s 下膝关节目标点的拟合轨迹和选点情况

从拟合曲线取的轨迹点可以看出，点跨度范围约 47mm，由于取点位置的差异，与速度 1.5m/s 的跨度范围有一定区别。

下面使用六次多项式［式（3-2）］对速度 3.5 m/s 的膝关节轨迹进行拟合。

上半部分系数和下半部分系数分别为：$a_1 = -5.788 \times 10^{-8}$，$a_2 = 3.31 \times 10^{-6}$，$a_3 = -3.839 \times 10^{-5}$，$a_4 = -0.0003752$，$a_5 = 0.0286$，$a_6 = 0.1215$，$a_7 = -54.35$；$a_1 = 6.727 \times 10^{-9}$，$a_2 = 2.771 \times 10^{-7}$，$a_3 = -1.548 \times 10^{-5}$，$a_4 = -0.0004641$，$a_5 = 0.01957$，$a_6 = 0.1596$，$a_7 = -55.31$。

拟合曲线图如图 3-10 所示。

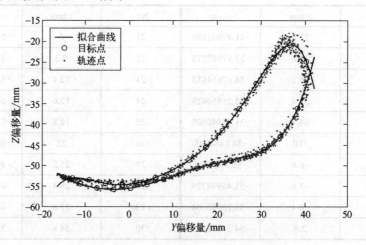

图 3-10　速度 3.5m/s 下膝关节目标点的拟合轨迹和选点情况

从轨迹点可以看出，点跨度范围约 52mm。选取变距步长计算多项式的值，得到 30 个目标点。目标点的数据值如表 3-3 所示，选取点的位置如图 3-10 所示。

表 3-3　速度 3.5m/s 下膝关节综合目标点

No.	x/mm	y/mm	No.	x/mm	y/mm
1	-13	-52.87659792	16	-15	-52.65188558
2	-9.2	-53.28320733	17	-11.2	-54.26976949
3	-5.4	-54.16232023	18	-7.4	-55.28278581
4	-1.6	-54.46993445	19	-3.6	-55.6120327
5	2.2	-53.94900642	20	0.2	-55.27730094
6	6	-52.69915853	21	4	-54.39183398
7	9.8	-50.87186315	22	7.8	-53.14250481
8	13.6	-48.49110309	23	11.6	-51.7554095
9	17.4	-45.3995087	24	15.4	-50.44687741
10	21.2	-41.3299715	25	19.2	-49.35989816
11	25	-36.10273438	26	23	-48.48596531
12	28.8	-29.9479583	27	26.8	-47.57233673
13	32.6	-23.95376567	28	30.6	-46.01471168
14	36.4	-20.63976017	29	34.4	-42.73532462
15	40.2	-24.65602318	30	38.2	-36.04645568

以上就是膝关节标记点经过拟合及曲线变距插值得到的不同速度综合目标点，将分别对不同速度的目标点综合。

3.4.2　综合模型

综合目标是找到四杆机构满足轴线移动的单自由度机构，将膝关节连接副的综合问题转化为找到四杆机构满足通过相关轨迹点而且误差最小的要求。

如图 3-11 所示，是一个典型的平面四杆机构，并且可以由九个参数唯一定义，这九个参数分别是 r_1、r_2、r_3、r_4、r_5、β、x_A、y_A 和 α。其中，点 A 的坐标是 $A(x_A, y_A)$，参数 r_1、r_2、r_3、r_4 和 r_5 是连杆的杆长，参数 α 是直线 AD 和水平轴的夹角，参数 β 是直线 BC 和直线 BP 之间的夹角，参数 θ_2、θ_3 和 θ_4 是直线 AD 分别与直线 AB、直线 BC 和直线 CD 的夹角。

由图 3-11 建立的矢量环方程可以被写为

$$r_2 + r_3 - r_4 - r_1 = 0 \tag{3-3}$$

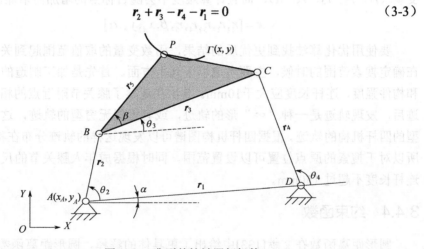

图 3-11　典型的铰链四杆机构

化简式（3-3），θ_3 可以被表示为

$$\theta_3 = 2\arctan\left(\frac{m \pm \sqrt{l^2 + m^2 - n^2}}{l - n}\right) \tag{3-4}$$

式中，

$$l = 2r_2r_3\cos\theta_2 - 2r_1r_3, \quad m = 2r_2r_3\sin\theta_2, \quad n = r_1^2 + r_2^2 + r_3^2 - r_4^2 - 2r_1r_2\cos\theta_2 \tag{3-5}$$

点 P 的位置坐标可以被表示为

$$\begin{bmatrix} X_P \\ Y_P \end{bmatrix} = \begin{bmatrix} x_A \\ x_A \end{bmatrix} + \begin{bmatrix} \cos\alpha & -\sin\alpha \\ \sin\alpha & \cos\alpha \end{bmatrix} \begin{bmatrix} x_P \\ y_P \end{bmatrix} \tag{3-6}$$

式中，

$$x_P = r_2 \cos\theta_2 + r_5 \cos\beta\cos\theta_3 - r_5\sin\beta\sin\theta_3 \tag{3-7}$$

$$y_P = r_2 \sin\theta_2 + r_5 \cos\beta\sin\theta_3 - r_5\sin\beta\cos\theta_3 \tag{3-8}$$

膝关节外骨骼的综合就转换成了平面四杆机构轨迹合成问题。找到满足轨迹的平面四杆机构，使连杆曲线能够通过给定的轨迹点和位姿，就满足膝关节轨迹运动的需求。

3.4.3 变量

一个四杆机构的变量包含九个参数，即 r_1、r_2、r_3、r_4、r_5、β、x_A、y_A、α，如果使用欧氏误差计算，计算难度随着给出点数的增加而增加。Kafash[132]提出使用近似圆环函数将设计变量分为四个优化变量（x_A、y_A、r_3、β）和五个设计变量（r_1、r_2、r_4、r_5、α），而且计算难度不会随目标点的增加而增加。

$$x = [r_1, r_2, r_3, r_4, r_5, \beta, x_A, y_A, \alpha] \tag{3-9}$$

要使用优化算法找到更优质的结果，函数变量的取值范围起到关键作用。在确定搜索范围的时候，主要考虑以下几个方面。首先是加工制造的难易程度和构件强度，连杆长度应大于10mm。其次在观察了膝关节附近点的相对运动轨迹后，发现轨迹是一种"∞"形的轨迹，或者近似无穷型的轨迹，这是一种典型的四杆机构的轨迹。根据四杆机构图谱可以发现这样的轨迹分布在特定范围，所以对于搜索的原点位置可以设置范围。同时根据成年人膝关节的尺寸，设置连杆长度不超过150mm。

3.4.4 约束函数

圆形距离函数在文献[133]中给出了更具体的解释，圆形距离函数（CPF）定义为

$$\text{CPF} = \sum_{i=1}^{n}(R_i^2 - \bar{R}_i^2)^2 \tag{3-10}$$

式中，

$$R_i^2 = (C_x - X_i)^2 + (C_y - Y_i)^2 \tag{3-11}$$

$$\bar{R}_i^2 = \frac{1}{n}\sum_{i=1}^{n}R_i^2 \tag{3-12}$$

$$\text{CPF}_{dimensionless} = \sum_{i=1}^{n}\left(\frac{R_i^2 - \bar{R}_i^2}{R_i^2}\right)^2 \tag{3-13}$$

展开式（3-11），令偏导数等于零，得到方程

$$\frac{\partial \mathrm{CPF}}{\partial C_x} = 2f_1 C_x + f_5 C_y + f_3 = 0 \qquad (3\text{-}14)$$

$$\frac{\partial \mathrm{CPF}}{\partial C_y} = 2f_2 C_y + f_5 C_x + f_4 = 0 \qquad (3\text{-}15)$$

C 点的坐标可以被表示为

$$\begin{bmatrix} C_x \\ C_y \end{bmatrix} = \begin{bmatrix} 2f_1 & f_5 \\ f_5 & 2f_2 \end{bmatrix}^{-1} \begin{bmatrix} -f_3 \\ -f_4 \end{bmatrix} \qquad (3\text{-}16)$$

式中，

$$f_1 = \sum_{i=1}^{n} a_i^2, \quad f_2 = \sum_{i=1}^{n} b_i^2, \quad f_3 = \sum_{i=1}^{n} 2a_i c_i, \quad f_4 = \sum_{i=1}^{n} 2b_i c_i, \quad f_5 = \sum_{i=1}^{n} 2a_i b_i \qquad (3\text{-}17)$$

另外，数值计算软件中的 fmincon 函数可以迅速地求解给定初值的多变量约束的最小值问题，但是函数需要输入初值，优化问题初值的给定可能直接影响优化结果。

为了找到合适的全局最优解，以及将多组结果进行重构整合，使用 CPF 构建优化目标函数，计算问题的目标初值，继而使用得到的结果作为 fmincon 函数的初值进一步计算，得到问题的结果。多次重复运行，得到连杆综合的结果集。

3.4.5　目标函数

目标函数定义为

$$f_{obj} = \mathrm{CPF}_{dimensionless} + h_1 \times M_1 + h_2 \times M_2 \qquad (3\text{-}18)$$

式中，M_1 和 M_2 的值被定义为常数，这里设置为 1000。

$$h_1 = \begin{cases} 1, s+l > p+q \\ 0, s+l < p+q \end{cases} \qquad (3\text{-}19)$$

$$h_2 = \begin{cases} 1, r_2 \neq s \\ 0, r_2 = s \end{cases} \qquad (3\text{-}20)$$

$$s = \max\{r_1, r_2, r_3, r_4\} \qquad (3\text{-}21)$$

$$l = \min\{r_1, r_2, r_3, r_4\} \qquad (3\text{-}22)$$

$$\{p, q\} = \{r_1, r_2, r_3, r_4\} - \{s, l\} \qquad (3\text{-}23)$$

参数 r_1 和 r_4，以及 a 的值可以用以下公式计算

$$r_1 = \sqrt{(x_D - x_A)^2 + (y_D - y_A)^2} \tag{3-24}$$

$$r_4 = \frac{1}{n}\sqrt{(x_C^i - x_D)^2 + (y_C^i - y_D)^2} \tag{3-25}$$

$$\alpha = \arctan\left(\frac{y_D - y_A}{x_D - x_A}\right) \tag{3-26}$$

式中，

$$x_D = C_x, \quad y_D = C_y \tag{3-27}$$

$$\begin{bmatrix} x_C^i \\ y_C^i \end{bmatrix} = \begin{bmatrix} x_A \\ y_A \end{bmatrix} + r_2 \begin{bmatrix} \cos\theta_{AB}^i \\ \sin\theta_{AB}^i \end{bmatrix} + r_3 \begin{bmatrix} \cos\theta_{BC}^i \\ \sin\theta_{BC}^i \end{bmatrix} \tag{3-28}$$

$$\theta_{AB}^i = \arctan\left(\frac{y_D^i - y_A}{x_D^i - x_A}\right) \pm \arccos\left[\frac{r_2^2 + (X_d^i - x_A)^2 + (Y_d^i - y_A)^2 - r_5^2}{2r_2\sqrt{(X_d^i - x_A)^2 + (Y_d^i - y_A)^2}}\right] \tag{3-29}$$

$$\theta_{BM}^i = \arctan\left(\frac{y_D^i - y_A - r_2\sin\theta_{AB}^i}{x_D^i - x_A - r_2\cos\theta_{AB}^i}\right) \tag{3-30}$$

$$\theta_{BC}^i = \theta_{BM}^i - \beta \tag{3-31}$$

式中，参数 r_2、r_5 的详细计算过程参考文献[134]。

圆形距离函数（CPF）降低了综合计算的花费时间，但它的优势在于计算单个综合问题。当要求计算得到多个结果时，优化算法得到全局最优解成为了一个概率较低的问题。因此，膝关节外骨骼的综合计算量大和合成复杂，需要在 Kafash 基础上进一步地优化。

3.5 轨迹结果

根据成年男性行走时膝关节附近标记的轨迹合成了膝关节外骨骼。一般地，优化法只得到一组最优结果，我们对方法进行设置，从而保留多组结果，用于比较轨迹一致性和关节角度。整个综合的路线如图 3-12 所示，根据路线图对于运行的每一种速度进行综合，并对得到结果进行分析。

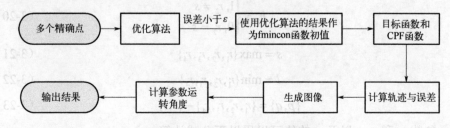

图 3-12　膝关节轨迹综合路线图

3.5.1 速度 1.5m/s 的轨迹综合

表 3-1 中是一个经典的综合问题，综合一个新的连杆曲线轨迹给出的一组点（30 个点）。为了将得到的综合结果整合，并不能采用速度 1.5m/s 的综合方法，因为这将得到多组完全不相关的机构。为使得到的机构相关，首先应该将速度 1.5m/s 的组合的原点固定于一定范围内，以及将连杆固定于一定范围内，这样将方便后续的连杆机构组合方法使用。膝关节轨迹离散化后的精确目标点的连杆机构平面跟踪结果如图 3-13 所示。综合得到的具体连杆参数如表 3-4 所示。

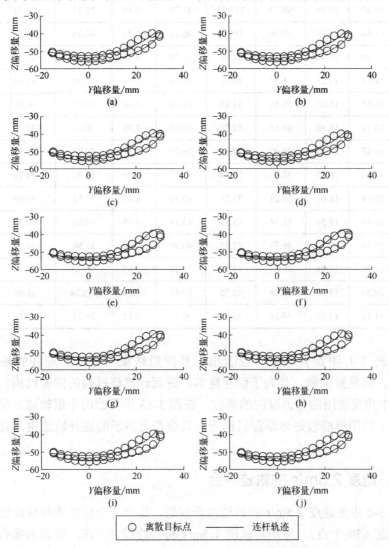

图 3-13　速度 1.5m/s 的 10 组四杆机构的轨迹跟踪情况

表 3-4　跟踪 1.5m/s 速度膝关节运动的连杆参数

No.	r_1 /mm	r_2 /mm	r_3 /mm	r_4 /mm	r_5 /mm	β /rad	x_A /mm	y_A /mm	α /rad
1	212.16	23.71	200.00	37.26	179.61	-0.07	-145.54	-139.10	0.74
2	51.23	19.95	199.89	224.83	47.11	-0.62	37.57	-11.90	2.72
3	41.88	18.91	143.87	162.55	41.48	-0.52	32.09	-15.71	2.74
4	47.97	19.44	122.10	149.80	43.99	-0.68	34.59	-13.97	2.71
5	40.51	18.53	99.20	120.90	40.04	-0.61	30.60	-16.74	2.75
6	39.44	18.98	98.75	111.35	41.76	-0.41	32.38	-15.51	2.84
7	83.64	24.76	80.00	135.09	40.81	-0.72	44.48	-29.54	2.39
8	33.70	15.40	62.45	51.65	57.70	-1.91	-34.02	-12.79	0.23
9	34.30	16.25	61.50	50.05	54.75	-1.91	-32.42	-15.39	0.27
10	35.65	15.05	60.40	51.85	63.55	-1.90	-38.72	-9.59	0.17
11	36.10	18.80	60.10	52.20	49.80	-1.70	-32.12	-22.29	0.09
12	66.47	24.64	60.00	97.81	36.28	-0.57	40.04	-30.91	2.46
13	37.10	20.25	59.65	52.20	43.75	-0.25	38.35	-14.79	-2.92
14	35.64	18.67	58.25	71.33	40.54	-0.40	31.13	-16.39	2.87
15	36.82	19.34	53.54	47.33	43.44	-0.05	34.05	-14.35	-3.09
16	33.18	18.76	49.73	57.32	40.90	-0.30	31.50	-16.12	2.98
17	31.75	16.35	46.85	57.70	37.30	-1.85	-19.45	-28.34	-0.43
18	20.50	13.90	45.25	42.75	34.65	-2.10	-18.74	-26.05	0.09
19	31.11	18.57	44.26	48.95	40.16	-0.23	30.73	-16.65	3.05

从表 3-4 中综合结果可以看出，前四组结果中有部分连杆的长度大于 150mm，仍然被保留，是为了保存样本，进而计算该机构的同源机构。同时，表 3-4 中角度使用的是弧度制的单位。在图 3-13 中只给出十组轨迹，从跟踪结果看出十组图都能较好地跟踪目标点，其余没有显示的连杆轨迹也具有相似的性质。

3.5.2　速度 2.5m/s 的轨迹综合

表 3-2 中是速度 2.5m/s 的轨迹综合问题，综合一个新的连杆曲线轨迹给出的一组点（30 个点）。采用与速度 1.5m/s 相同的综合方法，得到的综合结果如图 3-14 所示。

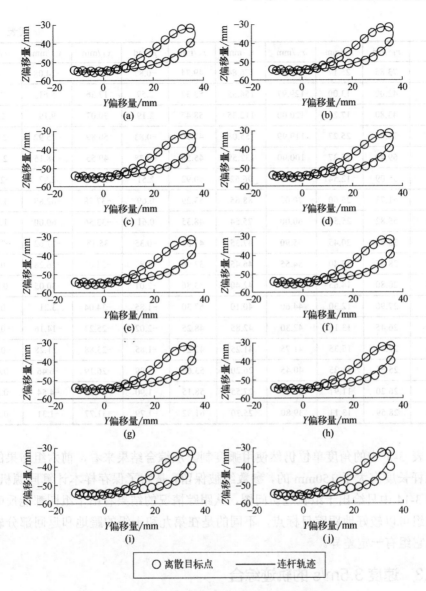

图 3-14　速度 2.5m/s 的 10 组四杆机构的轨迹跟踪情况

综合结果对应的连杆参数如表 3-5 所示。

表 3-5　跟踪 2.5m/s 速度膝关节运动的连杆参数

No.	r_1 /mm	r_2 /mm	r_3 /mm	r_4 /mm	r_5 /mm	β /rad	x_A /mm	y_A /mm	α /rad
1	44.88	17.65	160.00	156.26	58.64	2.25	31.16	9.10	-2.74
2	75.04	25.07	160.00	198.02	51.19	-0.89	52.41	-12.54	2.85

No.	r_1 /mm	r_2 /mm	r_3 /mm	r_4 /mm	r_5 /mm	β /rad	x_A /mm	y_A /mm	α /rad
3	73.85	25.17	140.00	176.84	49.74	-0.87	51.80	-14.08	2.84
4	42.00	13.00	129.97	154.35	53.37	2.59	17.36	5.61	-2.07
5	43.80	17.29	120.00	112.35	58.47	2.19	30.07	9.19	-2.80
6	72.05	25.27	119.99	155.08	47.90	-0.83	50.89	-15.92	2.83
7	69.40	25.37	100.00	132.59	45.50	-0.78	49.55	-18.15	2.83
8	35.09	12.54	80.51	96.62	50.92	2.51	16.13	2.97	-2.18
9	61.73	25.60	70.00	88.65	53.29	0.69	-37.78	-62.88	1.07
10	55.82	25.53	60.00	75.54	48.35	0.61	-33.56	-60.00	1.06
11	33.85	20.45	55.90	47.35	41.51	-0.35	35.18	-17.62	-2.81
12	28.45	17.40	54.55	46.45	37.06	-1.81	-24.07	-26.28	-0.17
13	20.80	14.65	45.55	42.40	33.86	-2.01	-16.44	-30.05	0.14
14	27.90	12.30	44.60	40.10	67.30	-1.85	-34.04	3.21	-0.16
15	26.45	13.15	42.30	42.85	48.25	-2.02	-25.23	-14.16	-0.09
16	27.30	15.35	41.75	41.25	42.21	-1.85	-23.88	-21.28	-0.13
17	25.55	11.25	40.45	26.20	53.65	-1.99	-26.19	-6.46	0.41
18	26.20	11.91	40.15	27.55	58.15	-1.90	-29.08	-4.54	0.27
19	28.59	13.11	39.80	25.30	61.32	-1.79	-31.77	-1.31	0.23

　　表 3-5 中的角度单位仍然使用弧度制。从综合结果来看，前六组结果的部分连杆长度有大于 150mm 的，参数组被保留，是为了保存样本计算同源机构。在图 3-14 中只给出十组轨迹访问图，从跟踪情况的结果看出十组图都能反映出参数组可以较好地跟踪目标点，不同的是在第九和十组的蹬地和返回部分轨迹与其它组有一定差异。

3.5.3　速度 3.5m/s 的轨迹综合

　　表 3-3 中是一个经典的综合问题，综合一个新的连杆曲线轨迹给出的一组点（30 个点），得到的综合结果如图 3-15 所示。

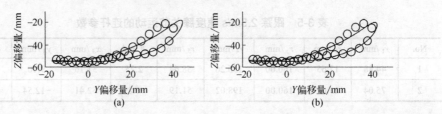

(a)　　　　　　　　　　(b)

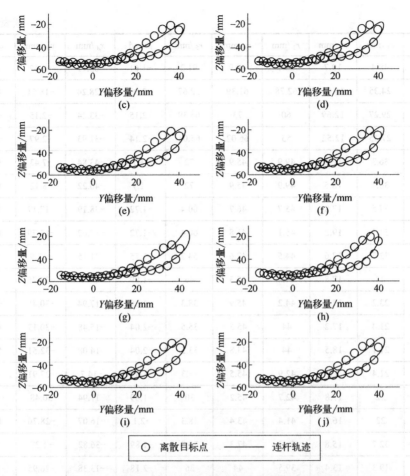

图 3-15　速度 3.5m/s 的 10 组四杆机构的轨迹跟踪情况

综合得到的具体连杆参数如表 3-6 所示。

表 3-6　跟踪 3.5m/s 速度膝关节运动的连杆参数

No.	r_1 /mm	r_2 /mm	r_3 /mm	r_4 /mm	r_5 /mm	β /rad	x_A /mm	y_A /mm	α /rad
1	76.81	13.4	160	222.68	92.81	-2.3	-53.6	16.75	-0.92
2	60.96	14.25	150	194.9	84.49	-2.28	-50.07	8.19	-0.77
3	51.01	13.9	120	154.97	79.4	-2.25	-45.41	5.36	-0.71
4	40.46	13.42	90	114.38	73.52	-2.22	-39.97	2.02	-0.62
5	36.8	13.22	80	100.68	71.32	-2.2	-37.91	0.75	-0.58
6	33.07	12.98	70	86.88	68.95	-2.18	-35.68	-0.64	-0.52
7	28.15	11.94	69.29	84.89	64.63	-2.28	-30.54	-2.31	-0.54

续表

No.	r_1 /mm	r_2 /mm	r_3 /mm	r_4 /mm	r_5 /mm	β /rad	x_A /mm	y_A /mm	α /rad
8	48.4	19.7	63.7	48.9	91.2	−1.61	−63.11	−0.62	0.26
9	24.35	16.05	62.78	61.39	52.67	−2.09	−28.24	−18.51	0.22
10	29.27	12.69	60	73	66.39	−2.15	−33.24	−2.15	−0.46
11	27.35	12.52	55	66.02	65.01	−2.14	−31.93	−2.97	−0.42
12	36.3	17.2	49.9	45.9	72	−1.7	−43.84	−7.43	0.08
13	36.4	18.5	49.9	45.9	72	−1.7	−46.22	−8.12	0.08
14	37.5	17.8	45.7	46.7	60.4	−1.72	−38.19	−17.17	0.08
15	31.9	19.2	45.1	41.8	60.4	−1.72	−37.02	−13.79	0.08
16	32.7	17.6	44.5	47.6	54.2	−1.75	−31.15	−17.9	0.08
17	27	17.8	44.4	47.3	46	−1.89	−23.9	−24.75	−0.01
18	23.2	17.8	44.2	45.9	38.3	−1.89	−17.94	−30.48	−0.01
19	21.4	17.2	44	45.5	35.5	−2.04	−15.48	−30.17	0.05
20	21.1	18.5	44	43.8	33.5	−2.04	−14.08	−32.51	0.17
21	21.4	17	42.9	45.5	35.3	−1.99	−14.7	−27.91	−0.13
22	22	17.8	42.7	45.2	30	−1.89	−17.94	30.48	−0.01
23	22	16.2	41.4	43.4	38.3	−2.1	−16.07	−28.76	0.09
24	32.7	15.8	41.2	47.3	70.8	−1.89	−36.82	−1.27	−0.18
25	19.3	13.4	39.5	44	36	−2.18	−13.38	−26.95	−0.14

从表 3-6 的 25 组综合结果来看，前 3 组结果的部分连杆长度大于 100mm。图 3-15 中只给出 10 组，从跟踪情况的结果看出 10 组图都能较好地跟踪目标点。从图 3-15 中可以看出在与速度 1.5m/s、2.5m/s 相同的约束条件下，四杆机构的轨迹在跟踪 3.5m/s 运动轨迹曲线时，不如 1.5m/s、2.5m/s 的效果好。

通过上述的分析，四杆机构作为膝关节的连接副，其产生的轨迹能够较好地跟踪人体膝关节的轨迹。设计的四杆机构最大程度地减少了内力的产生，而且能够很好地跟踪膝关节运动。这证明该方法可以为膝关节综合提供有效的理论支撑。与文献[64]中提出的自调整机构相比，该机构不需要额外的控制就可以实现自动变换旋转中心。与文献[61]中提出的五杆机构进行比较，这是更为简单的机构。该机构适用于膝关节外骨骼，同时该综合方法适用于轴线可变结构的综合问题。

3.6　本章小结

　　本章建立了膝关节的运动模型，基于运动模型将膝关节在行走过程中实现的功能进行了拆分，为实现不同功能组合奠定基础。在分析了膝关节的模型和运动过程自由度后，根据功能组合法对膝关节外骨骼的单一轨迹功能开始综合。在综合特定轨迹的膝关节外骨骼时，通过提取走-跑运动时膝关节运动标记点坐标，得到膝关节轨迹点。根据受试者 1.5m/s、2.5m/s、3.5m/s 三种速度的步态轨迹提取了膝关节附近标记点的轨迹。利用多项式将封闭轨迹分为两个部分，对轨迹点云进行幂函数拟合，得到六次多项式函数。取函数上的点作为综合的目标点，分别对膝关节轨迹进行综合得到平面四杆机构。1.5m/s、2.5m/s、3.5m/s 三种速度的多组综合结果都可以较好地跟随膝关节运动轨迹。因此，平面四杆机构作为转动连接可以减轻轴线错位。

第4章

膝关节外骨骼的可重构设计

对一般的传统机构，当机构完成设计，机构的拓扑结构或者活动度是不变的，即给定确定的输入曲线得到确定的输出曲线。然而，膝关节在特定位置的活动度是变化的，这需要对膝关节外骨骼的结构进行创新设计。创新机构需要在不同运动模式下跟随人体膝关节轨迹运动，而且在特定位置机构能有内旋/外旋自由度，这样创新机构就能实现多种运动模式下的运动轨迹使用要求。这与可重构机构特性相似，可重构机构在输入特性不变的情况下，输出特性根据需要改变，这种现象的发生与现在膝关节外骨骼的需求不谋而合。

四杆机构能够实现膝关节轴线变化的特性。当给定一个具体的四杆机构时，能够较好地跟踪一定速度范围内的轨迹，但速度跨越较大时又会产生影响较大的轴线错位。为了能够适应不同速度的下肢膝关节运动，需要多个特性相同但轨迹曲线不同的四杆机构。将不同四杆机构进行组合，使得组合后的机构变为一个可重构机构，而且能够较好地跟踪不同速度的轨迹。

基于一般的刚性机构去实现膝关节的单自由度比较容易，而实现膝关节特定位置局部的双自由度是极其困难的。如果设计的机构一直保持双自由度，不仅会使驱动控制繁琐，也浪费能源。一直保持多余自由度，也使得外骨骼的实用意义大打折扣，同时也增加了膝关节外骨骼的理论安全风险。基于可重构机构创新设计构建外骨骼，则可以有效地避免能源浪费和控制繁琐，利用机构的可重构特性与柔性构件的组合，就可以使膝关节外骨骼较好地模拟膝关节特性，得到新的较好地跟踪膝关节运动轨迹的膝关节外骨骼机构。

4.1　膝关节外骨骼重构综合

膝关节外骨骼采用功能组合法进行重构综合，功能组合法是根据机构实现的整体功能对各个功能进行分解，然后针对分解功能进行综合。这样的综合计算量被分解为多个组合，使得计算量较小。然后将得到的不同的综合结构进行组合，先选定连杆范围，使用尺度变化连杆使各个机构组合为一个尺度可变的连杆机构。功能组合法的具体流程如图 4-1 所示。

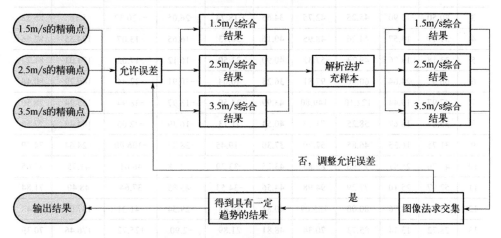

图 4-1　膝关节结构重构综合流程图

4.1.1　重构样本的同源机构计算

根据膝关节跟踪实验结果可以发现，不同速度下的膝关节轨迹并不相同，因为人在不同速度下行进时姿态不同，不同的姿态导致不同关节的摆动幅度也不相同。那么根据不同轨迹进行综合得到的连杆参数也不尽相同，连杆计算结果的每一组速度都能对应多组连杆参数。为了实现机构对每一组速度能够进行更为精确的跟踪，需要对各种速度下的连杆参数进行比对。选取一个或者两个连杆建立尺度可变连杆，使机构能够覆盖不同速度的运动。

虽然针对每一种速度给出了多组结果，但是使用的优化方法决定了不能找到综合问题的所有解。为了找到更多的机构样本，使用解析法求解机构样本的同源机构，进行各个样本的扩充，这样可以达到更好的组合重构效果。同时，解析法求解连杆曲线问题本身是一个机构学经典问题，在本节中稍加变形和转化，就可以利用结论扩充样本。首先将机构连杆参数转化为方程系数，有了系数后，求解同源机构就变成求解连杆曲线问题了。使用解析法求解连杆综合结果的同源机构，根据膝关节的尺寸以及加工和实际使用情况，将长度大于 150mm 和小于 10mm 的连杆所在的组合进行删除，求解速度 1.5m/s 的同源机构，结果如表 4-1 所示。

表 4-1　速度 1.5m/s 的轨迹结果的同源机构参数

No.	r_1 /mm	r_2 /mm	r_3 /mm	r_4 /mm	r_5 /mm	x_A /mm	y_A /mm	β /(°)	α /(°)	θ /(°)
1	31.49	21.35	65.67	69.51	32.74	−25.42	−40.26	34.19	30.64	91.73
2	40.51	18.53	99.20	120.90	40.04	30.60	−16.74	−35.15	157.33	89.29
3	20.50	13.90	45.25	42.75	34.65	−18.74	−26.05	−120.32	5.16	85.38
4	31.11	18.57	44.26	48.95	40.16	30.73	−16.65	−13.07	174.55	82.66
5	33.18	18.76	49.73	57.32	40.90	31.50	−16.12	−17.02	171.01	81.22
6	66.47	24.64	60.00	97.81	36.28	40.04	−30.91	−32.44	140.79	80.48
7	47.97	19.44	122.10	149.80	43.99	34.59	−13.97	−38.94	155.24	78.50
8	35.64	18.67	58.25	71.33	40.54	31.13	−16.39	−22.65	164.49	77.56
9	31.75	16.35	46.85	57.70	37.30	−19.45	−28.34	−106.00	−24.64	74.79
10	49.76	25.91	71.96	82.85	43.25	−33.29	−52.18	46.01	41.75	73.65
11	52.97	25.10	77.29	94.98	44.56	−34.53	−45.85	37.64	48.40	71.84
12	83.64	24.76	80.00	135.09	40.81	44.48	−29.54	−41.21	137.01	70.43
13	28.72	13.14	85.73	70.34	48.81	21.89	−2.90	125.72	176.46	70.39
14	52.95	24.20	81.15	98.12	47.72	−37.41	−43.74	36.88	46.86	67.59
15	37.10	20.25	59.65	52.20	43.75	38.35	−14.79	−14.32	−167.30	66.20
16	39.44	18.98	98.75	111.35	41.76	32.38	−15.51	−23.40	162.57	64.03
17	36.82	19.34	53.54	47.33	43.44	34.05	−14.35	−3.05	−177.28	63.94
18	45.71	23.54	83.07	67.45	45.94	−35.91	−47.52	41.89	7.48	63.00
19	36.10	18.80	60.10	52.20	49.80	−32.12	−22.29	−97.40	5.16	62.78
20	36.20	14.67	113.04	92.14	53.97	26.93	1.52	123.60	172.70	62.05
21	31.97	14.44	124.09	109.83	46.86	24.81	−6.07	139.39	167.65	60.19
22	25.03	12.04	70.65	62.66	47.09	19.76	−4.60	141.25	177.91	59.14
23	59.52	25.13	86.57	100.84	54.55	−44.67	−46.62	34.53	46.35	58.92
24	34.30	16.25	61.50	50.05	54.75	−32.42	−15.39	−109.43	15.47	57.06
25	33.70	15.40	62.45	51.65	57.70	−34.02	−12.79	−109.43	13.18	54.77
26	35.65	15.05	60.40	51.85	63.55	−38.72	−9.59	−108.86	9.74	49.94
27	39.04	14.47	57.45	35.24	59.14	27.38	7.24	114.04	174.31	46.68
28	58.72	17.38	94.83	56.16	68.90	40.17	12.91	110.18	165.61	39.95

对所有连杆长度大于 150mm 的参数组进行删除,同时,为了方便观察将弧度制单位换算成角度制单位,同样对于速度 2.5m/s 和 3.5m/s 的轨迹参数组也进行相应的转换。使用解析法求解速度 2.5m/s 的同源机构,结果如表 4-2 所示。

表 4-2　速度 2.5m/s 的轨迹结果的同源机构参数

No.	r_1/mm	r_2/mm	r_3/mm	r_4/mm	r_5/mm	x_A/mm	y_A/mm	β/(°)	α/(°)	θ/(°)
1	50.06	22.04	51.33	79.25	34.75	−26.50	−40.35	27.79	61.69	106.16
2	57.49	26.36	50.88	80.04	38.98	−31.29	−45.36	29.04	61.58	98.95
3	30.74	21.65	62.67	67.33	31.52	−21.00	−44.82	37.76	35.10	98.51
4	20.80	14.65	45.55	42.40	33.86	−16.44	−30.05	−115.16	8.02	89.67
5	52.62	23.92	55.33	80.64	39.90	−31.33	−42.42	28.11	58.50	87.84
6	33.85	20.45	55.90	47.35	41.51	35.18	−17.62	−20.05	−161.00	74.53
7	43.85	24.65	66.25	67.05	41.70	−34.86	−46.60	36.76	29.79	72.14
8	27.30	15.35	41.75	41.25	42.21	−23.88	−21.28	−106.00	−7.45	71.11
9	55.82	25.53	60.00	75.54	48.35	−33.56	−60.00	34.74	60.99	70.46
10	61.73	25.60	70.00	88.65	53.29	−37.78	−62.88	39.45	61.49	63.36
11	26.45	13.15	42.30	42.85	48.25	−25.23	−14.16	−115.74	−5.16	62.70
12	25.55	11.25	40.45	26.20	53.65	−26.19	−6.46	−114.02	23.49	62.40
13	47.99	23.86	77.74	76.75	48.88	−40.72	−40.05	29.77	29.34	61.78
14	56.55	24.93	81.28	90.40	60.51	−51.94	−34.89	28.31	36.53	59.24
15	69.40	25.37	100.00	132.59	45.50	49.55	−18.15	−44.60	161.99	57.91
16	28.59	13.11	39.80	25.30	61.32	−31.77	−1.31	−102.56	13.18	57.81
17	26.20	11.91	40.15	27.55	58.15	−29.08	−4.54	−108.86	15.47	56.83
18	31.82	14.55	43.06	34.20	60.88	−38.05	−15.24	−91.60	7.33	54.50
19	27.90	12.30	44.60	40.10	67.30	−34.04	3.21	−106.00	−9.17	52.76
20	39.23	16.27	56.34	44.48	67.49	−46.70	−16.74	−90.98	11.92	48.99
21	43.80	17.29	120.00	112.35	58.47	30.07	9.19	125.44	−160.27	46.45
22	51.89	18.97	99.14	74.77	60.33	35.03	9.89	110.10	−172.72	44.83
23	56.73	19.90	122.11	94.49	61.91	38.78	10.17	110.54	−175.64	43.69
24	60.25	20.53	144.27	114.21	62.83	41.44	10.03	111.05	−177.81	43.12

　　表 4-2 中删除了连杆长度大于 150mm 的参数组。求解速度 3.5m/s 的同源机构，结果如表 4-3 所示。

表 4-3　速度 3.5m/s 的轨迹结果的同源机构参数

No.	r_1/mm	r_2/mm	r_3/mm	r_4/mm	r_5/mm	x_A/mm	y_A/mm	β/(°)	α/(°)	θ/(°)
1	31.78	27.86	65.97	66.27	33.35	−18.82	−47.86	36.32	36.54	124.34
2	21.10	18.50	44.00	43.80	33.50	−14.08	−32.51	−116.88	9.74	123.55
3	21.40	17.20	44.00	45.50	35.50	−15.48	−30.17	−116.88	2.86	112.43

No.	r_1/mm	r_2/mm	r_3/mm	r_4/mm	r_5/mm	x_A/mm	y_A/mm	β/(°)	α/(°)	θ/(°)
4	33.02	26.54	70.20	67.89	36.71	−22.51	−45.94	35.32	30.67	107.02
5	23.20	17.80	44.20	45.90	38.30	−17.94	−30.48	−108.29	−0.57	105.81
6	32.78	26.04	69.70	65.72	37.44	−23.89	−42.93	36.60	21.93	105.43
7	21.40	17.00	42.90	45.50	35.30	−14.70	−27.91	−114.02	−7.45	102.42
8	22.00	16.20	41.40	43.40	38.30	−16.07	−28.76	−120.32	5.16	101.07
9	35.14	26.96	69.53	66.96	39.77	−24.44	−49.50	38.81	32.32	100.36
10	36.75	27.06	72.49	69.15	40.15	−24.72	−47.18	31.12	33.72	94.94
11	19.30	13.40	39.50	44.00	36.00	−13.38	−26.95	−124.90	−8.02	94.61
12	32.72	22.72	74.59	66.96	40.15	−25.36	−39.83	28.93	18.14	90.09
13	27.00	17.80	44.40	47.30	46.00	−23.90	−24.75	−108.29	−0.57	89.63
14	38.78	25.56	97.77	99.98	51.50	−34.26	−38.03	33.03	39.82	85.01
15	44.56	29.38	78.06	73.27	49.00	−32.94	−51.22	35.12	36.02	82.82
16	24.35	16.05	62.78	61.39	52.67	−28.24	−18.51	−119.75	12.61	82.72
17	56.99	34.30	74.68	80.57	55.98	−39.97	−56.41	33.61	52.43	82.58
18	28.15	11.94	69.29	84.89	64.63	−30.54	−2.31	−130.63	−30.94	79.80
19	31.90	19.20	45.10	41.80	60.40	−37.02	−13.79	−98.55	4.58	75.46
20	67.65	34.38	85.30	92.73	66.23	−48.80	−60.58	32.25	54.93	68.89
21	32.70	15.80	41.20	47.30	70.80	−36.82	−1.27	−108.29	−10.31	67.97
22	29.27	12.69	60.00	73.00	66.39	−33.24	−2.15	−123.19	−26.36	66.25
23	33.07	12.98	70.00	86.88	68.95	−35.68	−0.64	−124.90	−29.79	65.83
24	86.07	35.03	86.95	113.27	70.01	−47.93	−68.23	34.19	68.46	64.21
25	27.35	12.52	55.00	66.02	65.01	−31.93	−2.97	−122.61	−24.06	64.00
26	67.46	31.96	85.30	92.74	66.23	−46.42	−59.74	32.25	54.93	63.83
27	36.80	13.22	80.00	100.68	71.32	−37.91	0.75	−126.05	−33.23	63.40
28	49.44	20.97	149.10	121.70	79.18	−55.45	−10.61	25.60	−7.17	63.12
29	36.40	18.50	49.90	45.90	72.00	−46.22	−8.12	−97.40	4.58	62.73
30	37.50	17.80	45.70	46.70	60.40	−38.19	−17.17	−98.55	4.58	62.01
31	40.46	13.42	90.00	114.38	73.52	−39.97	2.02	−127.20	−35.52	61.24
32	66.45	31.54	82.75	80.98	61.72	−41.62	−66.61	33.92	52.11	60.61
33	73.35	35.44	106.10	92.42	81.28	−63.72	−50.61	25.04	36.36	58.27

续表

No.	r_1/mm	r_2/mm	r_3/mm	r_4/mm	r_5/mm	x_A/mm	y_A/mm	β/(°)	α/(°)	θ/(°)
34	36.30	17.20	49.90	45.90	72.00	-43.84	-7.43	-97.40	4.58	58.21
35	52.40	23.99	126.50	105.38	78.04	-58.94	-20.73	26.08	7.24	57.38
36	54.25	23.52	135.31	111.21	80.77	-61.16	-18.57	26.84	3.62	55.28
37	48.40	19.70	63.70	48.90	91.20	-63.11	-0.62	-92.25	14.90	48.16

　　使用解析法扩充了连杆参数容量，使得实际符合要求的重构样本容量扩充了 2 倍，而且样本容量的扩充是精确扩充，扩充的连杆参数为样本的同源机构。理论上样本容量扩充了 3 倍左右，但是有一部分连杆参数不符合连杆长度要求而被删除。

4.1.2　图像法求解构型连杆交集

　　从扩充的连杆参数样本看，并不能直接从多组参数中直接看出各个连杆实现重构的规律，如何确定变化连杆是一个难题。根据连杆机构的性质，连杆曲线的形状主要由连杆长度 r_1、r_2、r_3、r_4 和 r_5 以及角度 β 决定（连杆 r_3 和 r_5 之间的夹角），其余三个参数共同决定连杆曲线与坐标轴的位置以及它们相对的旋转角度。因此，使用图像法对上述参数进行绘图，通过观察图像上的连杆聚集程度，就可以确定重构连杆以及范围。在样本扩充时就已经将弧度转化为角度，整体范围为[-180°，180°]。图 4-2 是所有连杆参数组的聚集性绘图。

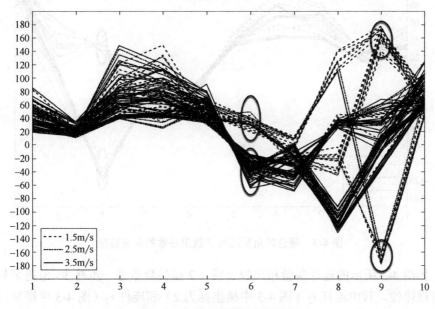

图 4-2　连杆参数组的聚集情况

在图 4-2 中需要说明的是坐标名称和单位没有统一标注的问题。图 4-2 中的横坐标对应表 4-1 中 10 个连杆参数的连杆长度、连杆夹角等。图 4-2 中的纵坐标对应表 4-1 中具体绝对数值，其中连杆长度单位是毫米，角度单位是度。图 4-2 只用来观察连杆各参数的聚集规律，所以没有给出坐标轴和具体单位，同时后续使用的同类型图的坐标轴和单位也是相同情况。

从图 4-2 可以看出，连杆参数长度之间聚集较为明显，其中 r_1、r_2、r_5 连杆参数最为明显。点 A 坐标的 x_A（图中横坐标为 6 的位置）参数有明显分层现象，而且分层上部无 3.5m/s 的结构参数组。这种现象可以根据连杆机构图谱找到合理解释，是由于接近 "∞" 形的连杆分布在两个典型区域上。另外，在四杆机构与水平轴的夹角处（图中横坐标为 9 的位置）有明显 "异常"，这是因为角度设置范围是[-180°，180°]，两者其实比较接近。在各种速度下，连杆 r_1 和 r_3 之间的最大和最小夹角需大于一定数值。其中 1.5m/s、2.5m/s、3.5m/s 的应分别大于 60°、80°、100°，否则不能满足膝关节运动时对角度的要求[131]。另外，膝关节的最大运动角度为[120°，150°]，所以膝关节角度不超过 150° [135]。在去除 x_A 的相关分离部分，并设置不同速度的连杆最小运动角度后，绘图观察连杆参数组的聚集交叉情况，如图 4-3 所示。

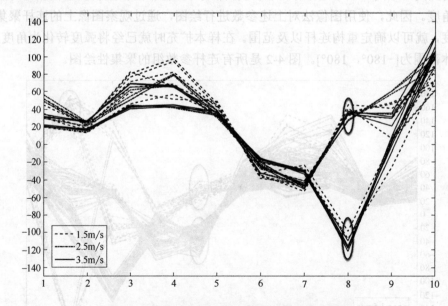

图 4-3　筛选转角后连杆参数组参数的聚集情况

如图 4-3 所示的连杆参数相比较于图 4-2 虽然数量进一步减少，但是聚集更具有规律性。其中连杆 r_2（图 4-3 中横坐标为 2）和连杆 r_5（图 4-3 中横坐标为

5）聚集更为明显，其余连杆（r_1、r_3、r_4）的聚集状态呈现分散聚集特点。点 A 的坐标（图 4-3 中横坐标为 6 和 7）也比较聚集，但聚集状态呈现分层聚集特点。

连杆 r_5 和连杆 r_3 之间的角度（图 4-3 中横坐标为 8）也出现了明显的分层现象。两部分可以基于 0 线分开，而且在分层中的两部分都有三种速度的明显聚集。对于两部分的具体聚集情况需要进一步绘图分析，再一次地进行筛选。首先对于连杆 r_5 和连杆 r_3 之间的角度（β，图 4-3 横坐标为 8）大于 0 线的部分进行绘图并分析，得到的连杆参数聚集情况如图 4-4 所示。

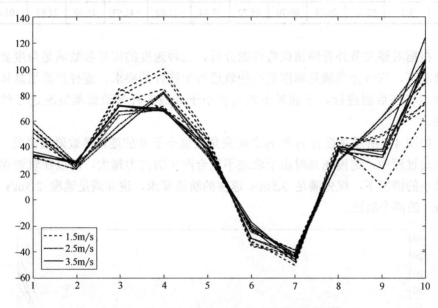

图 4-4　β 大于 0 部分的连杆参数组的聚集情况

由于在图 4-4 中连杆参数已经比较聚集，不容易观察和分析参数的具体取值，所以将图 4-4 中对应的连杆参数导出到表 4-4 中进行对比分析。

表 4-4　β 大于 0 部分连杆参数组对应数值

No.	v / (m/s)	r_1 /mm	r_2 /mm	r_3 /mm	r_4 /mm	r_5 /mm	x_A /mm	y_A /mm	β /(°)	α /(°)	θ /(°)
1	1.5	52.95	24.20	81.15	98.12	47.72	−37.41	−43.74	36.88	46.86	67.59
2	1.5	52.97	25.10	77.29	94.98	44.56	−34.53	−45.85	37.64	48.40	71.84
3	1.5	49.76	25.91	71.96	82.85	43.25	−33.29	−52.18	46.01	41.75	73.65
4	1.5	45.71	23.54	83.07	67.45	45.94	−35.91	−47.52	41.89	7.48	63.00
5	1.5	31.49	21.35	65.67	69.51	32.74	−25.42	−40.26	34.19	30.64	91.73
6	2.5	57.49	26.36	50.88	80.04	38.98	−31.29	−45.36	29.04	61.58	98.95
7	2.5	52.62	23.92	55.33	80.64	39.90	−31.33	−42.42	28.11	58.50	87.84

No.	v / (m/s)	r_1 /mm	r_2 /mm	r_3 /mm	r_4 /mm	r_5 /mm	x_A /mm	y_A /mm	β/ (°)	α/ (°)	θ/ (°)
8	2.5	50.06	22.04	51.33	79.25	34.75	−26.50	−40.35	27.79	61.69	106.16
9	2.5	30.74	21.65	62.67	67.33	31.52	−21.00	−44.82	37.76	35.10	98.51
10	3.5	35.14	26.96	69.53	66.96	39.77	−24.44	−49.50	38.81	32.32	100.36
11	3.5	33.02	26.54	70.20	67.89	36.71	−22.51	−45.94	35.32	30.67	107.02
12	3.5	31.78	27.86	65.97	66.27	33.35	−18.82	−47.86	36.32	36.54	124.34
13	3.5	32.78	26.04	69.70	65.72	37.44	−23.89	−42.93	36.60	21.93	105.43

  根据对膝关节外骨骼错位特性的分析，三种速度的连杆参数满足角度要求的情况下，应该优先满足速度更高的轨迹对于连杆的要求。连杆参数组具体值的确定将在后面进行，下面对于夹角 β 小于 0 线连杆参数聚集情况进行绘图观察。

  如图 4-5 所示是连杆 r_3 和 r_5 之间夹角数值小于 0 的连杆参数聚集情况。人体运动过程中，速度越高时由于轨迹不重合产生的内力越大，所以在轨迹误差尽量小的情况下，优先满足 3.5m/s 速度的轨迹要求，进而满足速度 2.5m/s 和 1.5m/s 的两个轨迹。

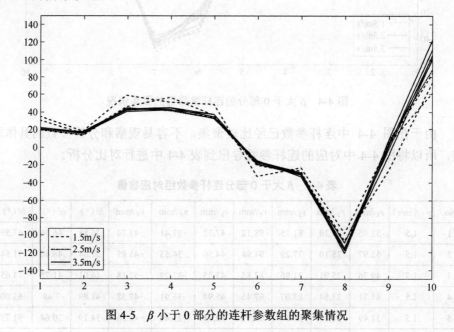

图 4-5 β 小于 0 部分的连杆参数组的聚集情况

  以 3.5m/s 的连杆参数组为基准参数组，选择在该速度连杆参数组聚集的其它速度。由于在图 4-5 中已经比较聚集，不容易观察和分析参数的具体取值，而且 3.5m/s 的连杆参数组与其它速度的参数组取值较为接近，所以将图 4-5 中对应的连杆参数导出到表格中进行对比分析，如表 4-5 所示。

表 4-5　β 小于 0 部分连杆参数组对应数值

No.	v / (m/s)	r_1 /mm	r_2 /mm	r_3 /mm	r_4 /mm	r_5 /mm	x_A /mm	y_A /mm	β/(°)	α/(°)	θ/(°)
1	1.5	36.10	18.80	60.10	52.20	49.80	−32.12	−22.29	−97.40	5.16	62.78
2	1.5	31.75	16.35	46.85	57.70	37.30	−19.45	−28.34	−106.00	−24.64	74.79
3	1.5	20.50	13.90	45.25	42.75	34.65	−18.74	−26.05	−120.32	5.16	85.38
4	2.5	20.80	14.65	45.55	42.40	33.86	−16.44	−30.05	−115.16	8.02	89.67
5	3.5	23.20	17.80	44.20	45.90	38.30	−17.94	−30.48	−108.29	−0.57	105.81
6	3.5	21.40	17.20	44.00	45.50	35.50	−15.48	−30.17	−116.88	2.86	112.43
7	3.5	21.10	18.50	44.00	43.80	33.50	−14.08	−32.51	−116.88	9.74	123.55
8	3.5	21.40	17.00	42.90	45.50	35.30	−14.70	−27.91	−114.02	−7.45	102.42
9	3.5	22.00	16.20	41.40	43.40	38.30	−16.07	−28.76	−120.32	5.16	101.07

从表 4-5 中可以发现多处连杆聚集情况，其中速度 3.5m/s，连杆 r_1 和 r_3 之间夹角（角 θ）达到 123.55° 时接近膝关节最大旋转角度 135°。不同人的膝关节最大旋转角度在 120°～150° 之间，具体数值与体型相关[131]。连杆 r_1 和 r_3 之间夹角达到 100° 以上能满足人体进行 3.5m/s 速度的运动，达到 120° 能满足大多数的日常运动，其中包括不同场景，如日常步行、上下楼梯等。另外，下蹲过程中膝关节活动角度需要达到 115°[135]。所以，为了满足日常膝关节的运动将选择表 4-5 中的第七组参数作为基准参数组，进一步选择其它两组速度对应的参数。

4.1.3　可重构连杆参数的确定

在大量的连杆参数组中找到了两组连杆参数趋势比较一致的结果，看到了能够重构的一种趋势。对于固定连杆的具体取值和变化连杆的变化范围，仍然需要进一步的分析。首先分析第一组数据，如表 4-4 所示。第一组参数中共 13 组连杆参数，其中 3.5m/s 的共 4 组。根据上一节分析，选择连杆 r_3 和 r_1 之间夹角大于 120° 的连杆参数，所以选择表 4-4 中第 12 组数据为基准参数组，去掉其余参数组进一步绘图比较，如图 4-6 所示。

从图 4-6 中可以看出有明显的多种速度聚集，无论连杆长度还是各个角度都比较聚集。表 4-6 中是对应参数的具体值。

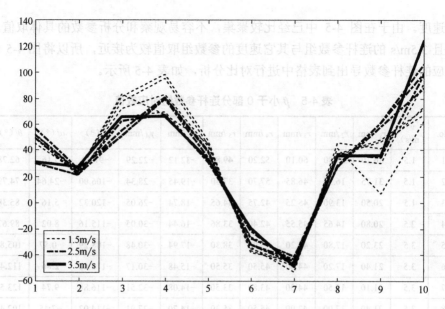

图 4-6　基于 3.5m/s 速度筛选后 β 大于 0 部分连杆参数组聚集情况

表 4-6　基于 3.5m/s 速度筛选后 β 大于 0 部分连杆参数组

No.	v / (m/s)	r_1 /mm	r_2 /mm	r_3 /mm	r_4 /mm	r_5 /mm	x_A /mm	y_A /mm	β/(°)	α/(°)	θ/(°)
1	1.5	52.95	24.20	81.15	98.12	47.72	−37.41	−43.74	36.88	46.86	67.59
2	1.5	52.97	25.10	77.29	94.98	44.56	−34.53	−45.85	37.64	48.40	71.84
3	1.5	49.76	25.91	71.96	82.85	43.25	−33.29	−52.18	46.01	41.75	73.65
4	1.5	45.71	23.54	83.07	67.45	45.94	−35.91	−47.52	41.89	7.48	63.00
5	1.5	31.49	21.35	65.67	69.51	32.74	−25.42	−40.26	34.19	30.64	91.73
6	2.5	57.49	26.36	50.88	80.04	38.98	−31.29	−45.36	29.04	61.58	98.95
7	2.5	52.62	23.92	55.33	80.64	39.90	−31.33	−42.42	28.11	58.50	87.84
8	2.5	50.06	22.04	51.33	79.25	34.75	−26.50	−40.35	27.79	61.69	106.16
9	2.5	30.74	21.65	62.67	67.33	31.52	−21.00	−44.82	37.76	35.10	98.51
10	3.5	31.78	27.86	65.97	66.27	33.35	−18.82	−47.86	36.32	36.54	124.34

　　分析图 4-6 以及表 4-6 发现，第 5、9、10 组中连杆长度在一定小范围内聚集。除连杆 r_2 最大变化约为 6.5mm 以外，其余连杆 r_1、r_3、r_4 和 r_5 的变化范围均在 1～3.5mm 之间。同时，由表 4-6 可以发现点 A 坐标 x_A、y_A（图 4-6 中横坐标 6、7）两个参数的变化范围也有明显的聚集趋势。

　　这样的连杆参数聚集好于预期的多连杆重构实现多速度轨迹，只需要使用单连杆变化就可以实现结构重构。因此，确定各种速度的连杆参数组的值如表 4-7 所示。

表 4-7　β 大于 0 部分的连杆参数综合结果对应数值

No.	v / (m/s)	r_1 /mm	r_2 /mm	r_3 /mm	r_4 /mm	r_5 /mm	x_A /mm	y_A /mm	β /(°)	α /(°)
1	1.5	31.78	21.35	65.97	66.27	33.35	−18.82	−47.86	36.32	36.54
2	2.5	31.78	21.65	65.97	66.27	33.35	−18.82	−47.86	36.32	36.54
3	3.5	31.78	27.86	65.97	66.27	33.35	−18.82	−47.86	36.32	36.54

细微调整连杆参数对连杆曲线的影响将会在后面进行讨论，改变连杆参数对连杆曲线与膝关节的步态轨迹误差的影响也会在机构性能部分讨论。此处分析得到的第二组参数，如表 4-5 所示，第二组共 9 组连杆参数，其中 3.5m/s 的共 5 组。根据膝关节运动角度分析，选择连杆 r_3 和 r_1 之间夹角大于 120° 的连杆参数，所以将选择表 4-5 中第 7 组数据为基准参数组，去掉其余参数组进一步绘图比较，如图 4-7 所示。

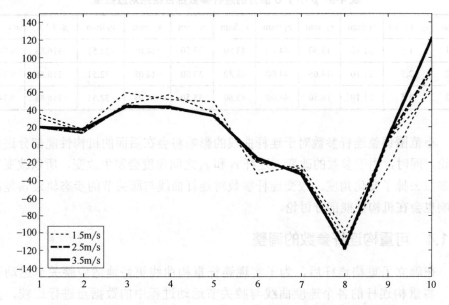

图 4-7　基于 3.5m/s 速度筛选后 β 小于 0 部分连杆参数组聚集情况

从图 4-7 中可以看出有明显的多种速度聚集，无论连杆长度还是各个角度都比较聚集。从图 4-7 中不容易看出各参数之间的差异，如表 4-8 所示是对应参数的具体值。

表 4-8　基于 3.5m/s 速度筛选后 β 小于 0 部分连杆参数组

No.	v/(m/s)	r_1/mm	r_2/mm	r_3/mm	r_4/mm	r_5/mm	x_A/mm	y_A/mm	β/(°)	α/(°)	θ/(°)
1	1.5	36.10	18.80	60.10	52.20	49.80	-32.12	-22.29	-97.40	5.16	62.78
2	1.5	31.75	16.35	46.85	57.70	37.30	-19.45	-28.34	-106.00	-24.64	74.79
3	1.5	20.50	13.90	45.25	42.75	34.65	-18.74	-26.05	-120.32	5.16	85.38
4	2.5	20.80	14.65	45.55	42.40	33.86	-16.44	-30.05	-115.16	8.02	89.67
5	3.5	21.10	18.50	44.00	43.80	33.50	-14.08	-32.51	-116.88	9.74	123.55

　　分析图 4-7 以及表 4-8 发现，第 3、4、5 组中连杆长度在一定小范围内聚集。除连杆 r_2 最大变化为 4.6mm 以外，其余连杆 r_1、r_3、r_4 和 r_5 长度的变化均在 1～2mm 之间。这样的连杆参数聚集好于预期的多连杆重构实现多速度轨迹，只需要使用单连杆变化就可以实现。因此，确定各种速度的连杆参数组的值如表 4-9 所示。

表 4-9　β 小于 0 部分的连杆参数综合结果对应数值

No.	v/（m/s）	r_1/mm	r_2/mm	r_3/mm	r_4/mm	r_5/mm	x_A/mm	y_A/mm	β/(°)	α/(°)
1	1.5	21.10	13.90	44.00	43.80	33.50	-14.08	-32.51	-116.88	9.74
2	2.5	21.10	14.65	44.00	43.80	33.50	-14.08	-32.51	-116.88	9.74
3	3.5	21.10	18.50	44.00	43.80	33.50	-14.08	-32.51	-116.88	9.74

　　小范围调整连杆参数对于连杆曲线的影响将会在后面的机构性能部分进行讨论。同时，由于参数的改变，连杆 r_1 和 r_3 之间角度会发生改变，所以改变后的参数去掉了变化角度。改变连杆参数对连杆曲线与膝关节的步态轨迹误差的影响也会在机构性能部分讨论。

4.1.4　可重构连杆参数的调整

　　在确立了重构连杆后，为了实现连杆重构曲线更好地适应膝关节运动过程，将重构连杆的各个速度曲线与膝关节运动过程中的数据点进行比较，并对比较结果分析后进行局部细微调节，使可重构连杆机构更好地适应膝关节运动。

　　首先，基于膝关节重构特性的分析，对第一组速度分别为 3.5m/s、2.5m/s、1.5m/s 的参数组重新计算上述连杆参数对应的角 θ（连杆 r_1 和 r_3 之间的夹角），得到角度数值如表 4-10 所示。

表 4-10　第一组连杆参数修改后对应的角 θ 数值

No.	v /（m/s）	r_1 /mm	r_2 /mm	r_3 /mm	r_4 /mm	r_5 /mm	x_A /mm	y_A /mm	β /（°）	α /（°）	θ /（°）
1	1.5	31.78	21.35	65.97	66.27	33.35	−18.82	−47.86	36.32	36.54	86.31
2	2.5	31.78	21.65	65.97	66.27	33.35	−18.82	−47.86	36.32	36.54	87.80
3	3.5	31.78	27.86	65.97	66.27	33.35	−18.82	−47.86	36.32	36.54	124.31

对第一组速度分别为 3.5m/s、2.5m/s、1.5m/s 的参数组轨迹和膝关节运动数据点（离散点）进行比较，得到图 4-8。

图 4-8　第一组参数三种速度连杆曲线与膝关节轨迹对比

在图 4-8 中可以发现，速度 3.5m/s 时由于连杆参数没有变化，所以连杆参数对应的 r_1 和 r_3 之间的夹角也没有变化，能够完全满足运动时对于连杆的转角要求。同时，速度 3.5m/s 对应的轨迹与膝关节运动对应的轨迹误差的最大处小于 10mm，具体的平均数值需要进一步计算。

速度 2.5m/s 的连杆参数有一些变化，但是连杆参数对应的 r_1 和 r_3 之间的夹角变化不大，仍然大于 80°，能够完全满足运动时对于连杆的转角要求。同时，速度 2.5m/s 对应的轨迹与膝关节运动对应的轨迹最大误差小于 5mm，是三组速度参数误差最小的一组。

速度 1.5m/s 的连杆参数有一些变化，但是连杆参数对应的 r_1 和 r_3 之间的夹角变化不大，仍然远大于 60° 达到 86.31°，能够完全满足运动时对于连杆的转角要求。同时，速度 1.5m/s 对应的轨迹与膝关节运动对应的轨迹误差小于 10mm，能够完全满足对于轨迹的要求。重新计算连杆参数对应的 θ（r_1 和 r_3 之间的夹角），并将表 4-10 的相关参数加入对比，得到表 4-11。

表 4-11　连杆参数修正后各参数组的 θ

No.	v/(m/s)	r_1/mm	r_2/mm	r_3/mm	r_4/mm	r_5/mm	x_A/mm	y_A/mm	β/(°)	α/(°)	θ/(°)
1	1.5	31.78	21.35	65.97	66.27	33.35	−18.82	−47.86	36.32	36.54	86.31
2	2.5	31.78	21.65	65.97	66.27	33.35	−18.82	−47.86	36.32	36.54	87.80
3	3.5	31.78	27.86	65.97	66.27	33.35	−18.82	−47.86	36.32	36.54	124.31
4	1.5	21.10	13.90	44.00	43.80	33.50	−14.08	−32.51	−116.88	9.74	83.90
5	2.5	21.10	14.65	44.00	43.80	33.50	−14.08	−32.51	−116.88	9.74	89.36
6	3.5	21.10	18.50	44.00	43.80	33.50	−14.08	−32.51	−116.88	9.74	123.55

其次，基于对膝关节重构特性的分析，对速度 3.5m/s 的轨迹和膝关节运动数据点（离散点）进行比较得到图 4-9，同时加入图 4-8 的图像进行对比。

由图 4-9 和表 4-11 可以发现，两组参数从图像上和连杆参数对应的 θ（r_1 和 r_3 之间的夹角）上都比较接近，综合来看第一组对应角度较大。速度 3.5m/s 的连杆参数由于没有变化，所以连杆参数对应的 r_1 和 r_3 之间的夹角也没有变化，能够完全满足运动时对于连杆的转角要求。同时，速度 3.5m/s 对应的轨迹与膝关节运动轨迹误差小于 10mm，相对较小。速度 2.5m/s 的连杆参数有一些变化，但是连杆参数对应的 r_1 和 r_3 之间的夹角变化不大，仍然大于 80° 达到 89.36°，能够完全满足运动时对于连杆的转角要求。同时，速度 2.5m/s 对应的轨迹与膝关节运动对应的轨迹误差小于 5mm，也是三组速度参数误差最小的一组。速度 1.5m/s 的连杆参数有一些变化，但是连杆参数对应的 r_1 和 r_3 之间的夹角变化不大，仍然远大于 60° 达到 83.9°，能够完全满足运动时对于连杆的转角要求。同时，速度 1.5m/s 对应的轨迹与膝关节运动对应的轨迹误差小于 10mm，能够完全满足对于轨迹的要求。

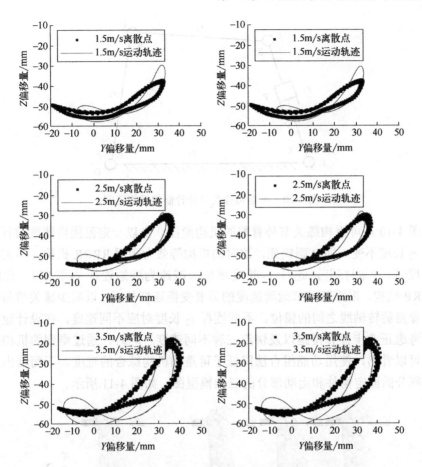

图 4-9　连杆 r_2 设置范围后两组参数轨迹跟踪图

　　在确定两组连杆经过微小变化仍然能够满足膝关节运动对转角要求的同时，进一步确认了连杆参数。从参数和图像上并不能直接看出两组参数中的哪一组更具有优势，所以将会在机构性能中具体量化比较两组参数的具体性能。

4.2　可重构膝关节外骨骼综合结果

　　在分析可重构机构运动部分的参数后，将给出膝关节外骨骼的整体结构。主要包括膝关节外骨骼的机构简图和对应的三维图像。首先是膝关节外骨骼的机构简图，由于在运动过程中需要变换 r_2 的长度，所以膝关节外骨骼由平面 RRRR 机构变成 RRRRP 机构，如图 4-10 所示。

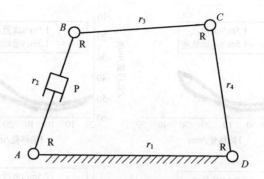

图 4-10　可重构膝关节外骨骼的机构简图

图 4-10 是可重构膝关节外骨骼的机构简图。当以一定范围内速度前行时，连杆 r_2 长度不变，即 P 副锁死，这时的机构等效为平面 RRRR 机构。当需要增加速度时，P 副打开，连杆 r_2 长度增加（减速为缩短连杆 r_2 长度），此时为 RRRRP 机构，根据膝关节运动速度的需要变换连杆长度，以减少膝关节与膝关节外骨骼旋转轴线之间的错位。不同连杆 r_2 长度对应不同速度，在设计速度时主要考虑正常步行和慢跑以及快跑三种不同速度。同时，通过得到的机构综合结果可以看出，使用功能组合法降低了可重构机构综合的难度。下面给出连接运动部分的固定构件和运动部分的三维模型图，如图 4-11 所示。

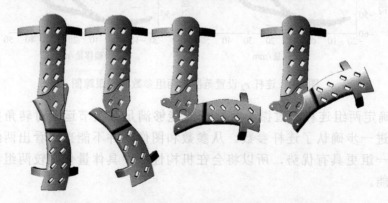

图 4-11　第二组尺度参数对应的连杆机构三维模型图

由于计算得到的两组参数对应的运动机理相同，所以只给出了统一的机构简图。另外，给出机构简图对应的三维模型图，三维模型包括机构简图对应的运动部分以及膝关节外骨骼安装必要的固定结构。

在图 4-11 中给出了可重构膝关节外骨骼的示意图，同时在图 4-11 中展示了刚性可重构外骨骼可以实现的运动角度，更为完整的分析将在外骨骼的安全性部分进行叙述。另外，由于得到两组参数结果以及结构的相似性，所以只给出第二组参数对应的三维模型图。虽然可重构连杆能够满足不同速度的变化需求，但是对于同一速度下的不完全重复轨迹兼容性难以达到理想情况。所以，将引入柔性机构实现上述功能。

4.3　刚柔耦合膝关节外骨骼机构综合

建立可重构机构解决了不同速度运动的轴线错位。在实际运动过程中发现同一速度下的运动轨迹比较相似，但并不完全重合，这样刚性的膝关节外骨骼机构就不能较好地跟踪膝关节运动轨迹。膝关节外骨骼向膝关节提供助力的前提是保持和膝关节一样的灵活，这需要运动支撑机构保持特定轨迹的同时能够具备一定的柔性，满足人体膝关节运动时运动轨迹相似但并不完全重合的特点。当外骨骼机构具备柔性功能后，机构会变得更为灵活，同时保持了原有刚度，这一实际的功能需求是选择刚柔耦合膝关节外骨骼机构综合的根本原因。

4.3.1　膝关节内旋/外旋功能的分析

通过对膝关节运动过程的分析可知，膝关节与滑车结构类似，这样的结构保证了膝关节在运动过程中的稳定性。同时，在膝关节伸展的过程中，胫骨和股骨会相对旋转以帮助运动过程中脚掌着地初期将膝关节稳定地控制在伸展状态。经过对膝关节结构旋转自由度的分析可以发现，在冠状面会以膝关节的内踝和外踝之间为旋转中心进行小范围的旋转，旋转轨迹近似圆形。所以，膝关节除了屈伸功能，还有一定范围内的旋转功能。多种速度综合适应膝关节屈伸时的旋转中心变化，对于膝关节的一定范围内旋/外旋功能没有实现。膝关节的内旋/外旋功能是膝关节功能性运动的根本保证，膝关节小范围的旋转是膝关节运动灵活性的保证。膝关节灵活也是下肢灵活运动的保证。同样，膝关节外骨骼的灵活性也是外骨骼整体灵活性的重要保证。另外，膝关节外骨骼的灵活性也会影响穿戴后的运动舒适性。简单地将膝关节外骨骼简化为单自由度的屈伸，忽略小范围的旋转，会极大地影响穿戴灵活性和穿戴后的舒适性。所以，有必要基于结构实现相关功能，进行柔性构件的置换设计，使膝关节外骨骼与人体膝关节更为相似。

膝关节的内旋/外旋功能的运动范围一般是 10°～30°，从生物学的功能来看，膝关节的运动形态可以看作是一个围绕半月板的旋转，所以近似为一个轴线固定的旋转运动。虽然使用一个转动副能够实现单自由度，但在机构上直接增加转动副会增加机构的复杂性，而且不能实现轨迹不重合的特性。由于内旋/外旋自由度的活动范围较小，所以利用材料的弯曲变形可以同时实现内旋/外旋的自由度和轨迹不重合的特性。

4.3.2 柔性化建模方法

对于柔性机构的综合有多种方法，根据期望实现功能对于变形量的要求，以及膝关节运动时对轨迹近似精确的要求，选择刚体置换法的柔性综合方法，同时根据变形量和膝关节整体结构的考虑，选择运动综合法[136]的伪刚体模型法进行柔性建模分析[137,138]。

以典型的平面梁一端固定一端自由为例进行叙述，自由端作为一个受力载荷的柔性梁，如图 4-12 所示。

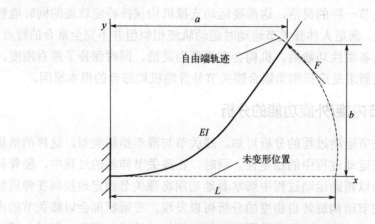

图 4-12　末端施加力的固定-自由型柔性梁

a—柔性梁自由端的 x 轴长度；b—柔性梁自由端的 y 轴长度；L—变形前长度（柔性段长度）；F—自由端受力；E—梁的杨氏模量；I—截面惯性矩

在图 4-12 中，梁自由端的轨迹是柔性梁的轨迹。根据功能组合方法定义，柔性化的最终目标是让外骨骼结构能够和膝关节的运动轨迹近似保持一致，让膝关节外骨骼能够具备在实现特定轨迹的同时，在轨迹上具有一定的柔性波动能力，使得膝关节外骨骼运动时更为灵活。

为了使刚性杆件位移近似逼近柔性梁的变形与位移，将柔性梁转化为带有铰链中心的刚体模型，这种模型称为伪刚体模型，如图 4-13 所示。

梁的弯曲变形方程为

$$\theta_0 = \frac{Ml}{EI} \tag{4-1}$$

式中，M 是内力偶；l 是梁长度。

那么，根据变形方程可以建立柔性梁和伪刚体模型梁之间参数的关系

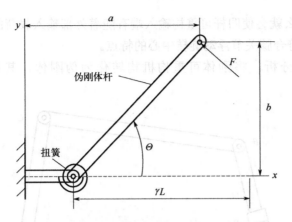

图 4-13　末端施加力的固定自由型的伪刚体模型

Θ—载荷作用下伪刚体杆旋转角度；γ—等效长度系数

$$\Theta = \theta_0 \tag{4-2}$$

$$a = \frac{l}{2} + \left(L + \frac{l}{2}\right)\cos\Theta \tag{4-3}$$

$$b = \left(L + \frac{l}{2}\right)\sin\Theta \tag{4-4}$$

$$M = \frac{EI}{l}\theta_0 \tag{4-5}$$

用 K 表示伪刚体模型中伪铰处的弹簧刚度，K 可以用柔性梁在扭簧处的弹性恢复力来描述，由以下公式计算

$$K = \frac{2.25EI}{L} \tag{4-6}$$

根据需要的柔性化的部位，直接进入柔性综合部分。

4.3.3　柔性综合与结构设计

根据对于膝关节外骨骼结构和膝关节运动特点的分析，采用刚体置换法进行柔性结构的综合。刚体置换法的主要步骤为：确定机构的刚体模型，等效柔性单元替换刚性构件，对等效构件建立伪刚体模型，确定柔性单元材料和几何尺寸。

分析在上节中得到的刚体机构，得到膝关节外骨骼的刚体模型的机构简图，如图 4-10 所示，由于实现机构柔性化的目的在于膝关节外骨骼能够随着膝关节更为灵活地运动，同时仍然保持刚体机构的轨迹的范围，所以，选择铰链 A 和

D 柔性化，那么就会使四杆可重构输入端有随着外部输入载荷的范围波动的能力，这样更为符合膝关节浮动旋转中心的特点。

经过上述分析，将刚体可重构机构转化为伪刚体，其模型如图 4-14 所示。

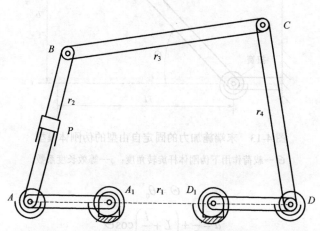

图 4-14　可重构膝关节机构伪刚体模型图

在得到伪刚体模型后，根据期望实现的变形情况选择柔性机构的材料和尺寸参数。由于连杆 AA_1 与连杆 DD_1 拥有相同的性质，以连杆 AA_1 为研究对象分析。膝关节柔性铰链伪刚体模型如图 4-15 所示。

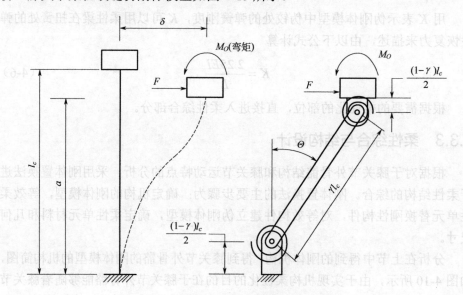

图 4-15　膝关节柔性铰链伪刚体模型图

对于这特定构型的参数，$\gamma = 0.8517$、刚度修正系数 $K_\Theta = 2.6762$[139]，其中期望 $\delta = 5\text{mm}$，$\Theta \leqslant 0.523\text{rad}$（约等于 $30°$，为膝关节内旋/外旋最大角度），以此进行柔性单元设计计算。

4.3.4　柔性单元参数计算

选取合适的柔性单元材料和几何尺寸，实现期望输出功能。通常使用强度大且柔性高的材料，同时兼顾制造难度和材料成本。从材料参数来分析，杨氏模量和弯曲屈服强度的比值高较好。柔性单元材料选择聚丙烯，杨氏模量 E 为 1.4GPa，同时聚丙烯也具有较好的加工性能。

分别以膝关节外骨骼承载有效载荷为 $30\sim40\text{kg}$ 计算伪刚体模型输出位置和弯曲变形量。

由图 4-15 可知，伪刚体杆转过的角度为

$$\Theta = \arcsin \frac{\delta}{\gamma l_c} \tag{4-7}$$

得到柔性单元长度 l_c 为

$$l_c = \frac{\delta}{\gamma \sin \Theta} = \frac{5}{0.8517 \sin 0.523} = 11.74\text{mm} \tag{4-8}$$

输出力的计算公式

$$F = \frac{4K\Theta}{\delta_{\max} l_c \cos \Theta} \tag{4-9}$$

式中，$\delta_{\max} = 6\text{mm}$，为最大允许变形量（梁挠度），得需要刚度为

$$K = \frac{F \delta_{\max} l_c \cos \Theta}{4\Theta} = \frac{400 \times 6 \times 11.74 \times \frac{\sqrt{3}}{2}}{4 \times 0.5233} = 11657.33\text{N} \cdot \text{mm}^2 \tag{4-10}$$

机构的刚度可以通过计算 K 值得到

$$K = \frac{2\gamma K_\Theta EI}{l_c} \tag{4-11}$$

那么，柔性单元的截面惯性矩为

$$I = \frac{K l_c}{2\gamma K_\Theta E} = \frac{11657.33 \times 11.74}{2 \times 0.8517 \times 2.6762 \times 1400} = 21.44 \tag{4-12}$$

式中，柔性单元的截面惯性矩为

$$I = \frac{bh^3}{12} \qquad (4-13)$$

取 $b \approx h$，计算得 b=4.1mm，h=4mm。

梁末端沿竖直方向的位置为

$$a = l_c[1 - \gamma(1 - \cos\Theta)] = 11.74 \times \left[1 - 0.8517 \times \left(1 - \frac{\sqrt{3}}{2}\right)\right] = 10.40\text{mm} \qquad (4-14)$$

在计算得到柔性机构末端位置后，不考虑在膝关节运动过程中膝关节外骨骼受力变化引起的柔性机构运动范围的变化。

4.4 膝关节外骨骼设计结果

在刚性可重构基础上，加入柔性单元后可以使膝关节外骨骼更为灵活，也使膝关节外骨骼的运动特点与膝关节的特性更为相似。将柔性单元计算的参数转换为三维结构参数，对于三维结构参数的性能分析以及样机实验将在后续的膝关节外骨骼性能部分完整叙述。最后，得到的膝关节外骨骼结构如图 4-16 所示。

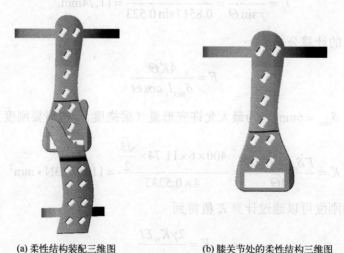

(a) 柔性结构装配三维图 (b) 膝关节处的柔性结构三维图

图 4-16　柔性结构对应的连杆机构三维图

在图 4-16 中，主要将铰链固定部分置换为柔性单元，为防止柔性单元过度变形增加了限位装置。另外，在刚性膝关节外骨骼的基础上优化了固定绑缚装置。

4.5　本章小结

基于膝关节运动特点进行膝关节外骨骼的结构设计。首先，为了适应膝关节不同运动速度，将膝关节不同速度轨迹综合得到的机构基于图像法组合为一个新的机构。三种速度对应的连杆参数组合方法是将得到的多组四杆机构（RRRR）筛选和组合进行机构的重构，将三种速度功能的四杆机构重构为一个实现三种速度功能的可重构机构（RRRRP）。在综合得到刚性结构的基础上，为了机构轨迹更逼近不同速度运动时的轨迹，实现膝关节内旋/外旋的关节自由度，将连杆机构的铰链部位进行柔性置换，得到一个运动轨迹与膝关节运动轨迹更为相似的刚柔耦合的膝关节外骨骼。这样的柔性单元置换，使膝关节与膝关节外骨骼之间的错位程度减轻，穿戴膝关节外骨骼后的舒适性以及人机共融性会更好。

第 **5** 章

膝关节外骨骼的性能分析

　　构建外骨骼的分析框架对于设计和改进起到关键的作用，也是持续改进外骨骼的重要参考指标。科学合理的外骨骼性能分析指标，是设计更加符合预期目标外骨骼的前提。与其它类型的机器人不同，可穿戴外骨骼需要特别关注结构在穿戴过程中的舒适性，这样的舒适性可以描述为外骨骼与穿戴者的物理交互以及相互作用力的彼此传递。人们对于舒适性的描述是心理学基于生理学要素，受到压力、剪力等直接感觉的综合评价。为了给膝关节外骨骼结构改进提供科学的分析与持续改进的量化建议，针对膝关节外骨骼结构提出反映舒适性的量化指标。

　　针对机器人的结构-功能-性能一体化设计中的机构综合设计不仅是外骨骼所面临的难题，也是其它装备和机器人期望突破的理论难点。我们提出机构轨迹在膝关节外骨骼结构-功能-性能一体化设计时可以得到有效的统一。基于膝关节功能分析运动轨迹并进行结构综合，分析结构性能时，仍然能够使用轨迹特性评价外骨骼性能，评价外骨骼的穿戴性能，如支撑特性。现在对于助力性能的研究较多，而且随着结构、控制，以及传感器等的不断改进，助力性能不断提升。穿戴的舒适性是人们愿意穿戴的前提，外骨骼穿戴的舒适性对于外骨骼发展有重要影响，所以对穿戴性能的舒适性研究也必不可少，主要建立舒适性的系统分析指标，使外骨骼更容易被穿戴者接受。当然，穿戴的安全性是外骨骼分析体系的先决条件。

5.1　分析指标的特点、联系与区别

　　对膝关节外骨骼结构性能进行系统性的分析，可以更好地量化膝关节外骨骼的结构性能。构建结构性能分析指标主要从穿戴前提和目的以及穿戴效果几个方面考虑，安全性是穿戴外骨骼的前提，反映在结构方面就是允许的运动空

间。穿戴目的和效果具有同等重要性，穿戴目的是给身体提供额外支撑，同时穿戴后的舒适性也是选择穿戴的前提，所以两者具有同等的重要性。围绕安全性，主要分析结构的活动范围要小于等于人体肢体的活动范围，利用结构特性避免外骨骼结构对人体的伤害。围绕舒适性，主要考察膝关节外骨骼结构在运动过程中的轴线错位程度和人机交互力，错位程度是运动过程中膝关节轴线和膝关节外骨骼结构轴线之间的位置差，人机交互力传递是运动过程中膝关节外骨骼通过绑缚装置与皮肤发生物理交互而产生的与皮肤表面的剪切力、摩擦力。

上述分析指标之间又彼此联系。在分析安全性的运动空间时，越小的空间活动范围会越安全，但结构本体跟随膝关节运动的灵活性会降低，进行摆动幅度较大的运动时会引起外骨骼结构本体与皮肤接触地方形成较大的压力与剪力，影响穿戴舒适性。膝关节外骨骼结构运动轴线与膝关节运动轴线之间的错位情况不仅影响支撑特性，较大的错位会直接影响人机交互力，这也是四杆机构相对于两杆转动副的优势所在，较小的人机交互力是外骨骼获得较好的支撑特性的前提。所以，每一个指标都对外骨骼结构有较大的影响，构建整个分析体系才能更好地促进外骨骼结构的发展。

各个分析指标的主要分析内容侧重不同，这些分析指标组成膝关节外骨骼的分析体系。首先安全性分析指标的主要内容包括穿戴前后的运动性能对比，以及运动自由度与运动范围的对比。在穿戴外骨骼之前，人体关节的运动自由度以及运动空间可以根据运动捕捉系统生成数据，以穿戴前的运动参数为基础，与穿戴后膝关节外骨骼与膝关节组成的人服系统的运动自由度与运动范围进行对比。另外，并非人服系统的运动空间越大越好，因为超过人体运动范围，外骨骼系统可能会给人体带来安全风险。

膝关节运动轨迹和外骨骼运动轨迹的一致性（即外骨骼的轨迹和膝关节运动轨迹的重合程度）也是运动过程中动态支撑的重要内容。主要研究和分析内容是错位程度，包括重构过程的范围分析、构态的错位分析、柔性化后对错位的影响。也有文献中将膝关节运动轨迹与外骨骼运动轨迹的不重合定义为人服系统运动学的微观不匹配[140]。不管如何定义这种实际的错位情况，将这样的错位作为膝关节外骨骼的分析体系，用于分析现有外骨骼结构和指导将来的机构设计意义重大。

最后，在外骨骼满足与膝关节运动空间或者活动范围一致的情况下，进行人机交互力分析。人机交互力分析是在轨迹一致性的基础上，研究外骨骼结构动态支撑的一致性。有学者将穿戴外骨骼后作用于皮肤的压力、剪力都归于外骨骼和人的物理交互（pHRI）。Rocon 和 Pons 等[141]提出穿戴外骨骼的物理交互是外骨骼设计的重大挑战，穿戴外骨骼的舒适度取决于物理交互的平稳，即在物理交互过程中压力、剪力的平稳传递。在穿戴外骨骼静止站立时，物理交互力稳定传递到皮肤。当外骨骼一起运动时，物理交互内力就会产生周期性波动，进而传递到皮肤，造成不舒适的感觉。

以上就是基于三个不同方面分别构建的反映膝关节外骨骼结构的性能指标。

5.2 分析方法的基本原则

外骨骼机器人的特点是人处于活动系统中的一环，所以对于可穿戴外骨骼的结构分析需要在人服系统下进行。Hidler 和 Sheng 等[142,143]的研究都表明穿戴外骨骼后会对人体运动关节角度等参数产生影响，但分析方法构建的对比数据是基于穿戴外骨骼前的实验运动。对于安全性等分析参数基于穿戴前的原因是明显的，对于轴线错位使用穿戴前的数据与人服系统对比能设计出舒适性和灵活性更好的外骨骼结构本体。人服系统就是模拟外骨骼被穿戴，将人与外骨骼组成一个系统进行研究。同时人服系统也是许多学者研究人机耦合方式[67,144-149]、人机运动学兼容特性的基础模型[64,150-154]，在外骨骼机器人研究中的使用较为广泛[155]。

对外骨骼与膝关节组成的人服系统进行分析。由于膝关节本身的结构是滑模结构，也是人体滑模关节中最大且最复杂的关节，利用膝关节的解剖结构建立模型分析过于困难。膝关节可以实现在矢状面的屈曲与伸展，同时屈伸过程中旋转中心浮动，可以将膝关节等效为中心浮动的复合机构。另外，膝关节外骨骼与人体连接的结构部分是柔性织带，但是在分析时设置为刚性结构[156,157]。

5.3 安全性分析——空间运动范围

安全性是外骨骼结构设计的前提，需要考察的不仅仅是膝关节外骨骼和膝关节整体的运动空间，而是膝关节外骨骼对膝关节的干涉情况，以及在穿戴情况下不发生安全风险。对膝关节外骨骼结构的安全性分析主要基于两个方面的考虑，即人服系统自由度、膝关节外骨骼工作时的转动角度。从两个维度去分析膝关节外骨骼机构安全性的指标，也是避免发生安全性风险的结构保护。同时，在保证安全前提的情况下尽量增加人服系统的自由度和膝关节外骨骼工作时的转动角度，这两者保证了膝关节外骨骼的灵活性。

5.3.1　膝关节外骨骼的自由度分析

　　自由度是分析机构相关性能和考察机构特性的重要指标。在分析膝关节外骨骼自由度时主要分为两部分内容，即膝关节外骨骼机构本身的自由度、人服系统的整体自由度。由于两部分具有相同的结构特性，只是尺度特性不同，所以只以第一组机构参数为例，对机构自由度进行分析。虽然机构是可重构机构，但在膝关节外骨骼工作时对应构态的结构特性是一致的，所以只分析单个构态的自由度。对于平面四杆机构，只要机构存在，理论自由度就为 1。所以，不存在构态变化影响机构整体自由度的因素。下面首先分析膝关节外骨骼机构本身的自由度。

　　由于膝关节外骨骼机构本身较简单，需要计算两处局部自由度对输出端的影响。如图 4-14 所示，连杆 r_2 上的移动副 P，由于并不能使输出端直接获得移动自由度，所以只考虑四杆机构本身的自由度。另外，理论上柔性杆具有 5 个自由度：3 个旋转自由度和 2 个平移自由度，对比膝关节自由度多出了 3 个自由度，单个膝关节外骨骼的自由度为 5 个。

　　分析膝关节外骨骼与膝关节组成的人服系统的自由度，将膝关节外骨骼通过连接装置固定在膝关节处分析自由度，人服系统的结构简图如图 5-1 所示。计

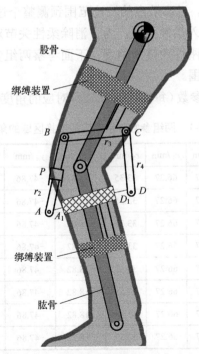

图 5-1　膝关节外骨骼人服系统

算人服系统的自由度，因为膝关节外骨骼固定（假设绑缚为固定并且不滑动）于膝关节，可以计算得出人服系统自由度为2。

经过上述分析发现，膝关节外骨骼的机构自由度与人服系统（膝关节外骨骼穿戴耦合后）的自由度并不是保持一致的，但是穿戴后的膝关节外骨骼与膝关节自由度保持一致。从自由度方面来分析，既保证了机构不会产生安全风险，又保证了机构的灵活性。这为膝关节外骨骼能够在穿戴时更安全并且提供助力和舒适性，提供了必要的前提基础。

5.3.2　膝关节外骨骼的角度分析

在自由度满足的情况下，需要继续考察膝关节外骨骼机构在运动速度下的转动角度。因为人体膝关节拥有两个自由度，但每个自由度都有各自的旋转范围，需要考虑膝关节外骨骼机构应该满足膝关节运动速度的角度要求，而且允许转动角度不能超过人体允许范围。

由于膝关节外骨骼机构是可重构机构，还需要考虑机构构态变换时的机构转动角度。由于机构构态对应的两处连杆变化并不相等，所以将变换连杆需要变换的尺寸进行归一化。对于每一个区域变化距离进行七等分，分别以两个构态对应的参数为起止点，观察重构连杆 r_2 参数变换范围中六个等分点重构变换区域的膝关节角度范围，以离散点的轨迹范围预测整个过程的角度范围。另外，由于膝关节整体结构加入柔性关节，为了消除柔性关节对角度范围的影响，在对比重构范围时只考虑刚性铰链的角度。下面考察两组参数对应构态以及构态变换区域的角度变化范围。

分别计算两组机构参数（每组 12 个参数）对应的角度变化值，如表 5-1 所示。

表 5-1　两组参数分别对应的变换区域的角度

No.	r_1/mm	r_2/mm	r_3/mm	r_4/mm	r_5/mm	x_A/mm	y_A/mm	β/(°)	α/(°)	θ/(°)
1	31.78	21.35	65.97	66.27	33.35	−18.82	−47.86	36.32	36.54	86.31
2	31.78	21.39	65.97	66.27	33.35	−18.82	−47.86	36.32	36.54	86.51
3	31.78	21.44	65.97	66.27	33.35	−18.82	−47.86	36.32	36.54	86.72
4	31.78	21.48	65.97	66.27	33.35	−18.82	−47.86	36.32	36.54	86.92
5	31.78	21.52	65.97	66.27	33.35	−18.82	−47.86	36.32	36.54	87.14
6	31.78	21.56	65.97	66.27	33.35	−18.82	−47.86	36.32	36.54	87.36
7	31.78	21.61	65.97	66.27	33.35	−18.82	−47.86	36.32	36.54	87.58
8	31.78	21.65	65.97	66.27	33.35	−18.82	−47.86	36.32	36.54	87.80

No.	r_1 /mm	r_2 /mm	r_3 /mm	r_4 /mm	r_5 /mm	x_A /mm	y_A /mm	β /(°)	α /(°)	θ /(°)
9	31.78	22.54	65.97	66.27	33.35	−18.82	−47.86	36.32	36.54	92.37
10	31.78	23.42	65.97	66.27	33.35	−18.82	−47.86	36.32	36.54	96.96
11	31.78	24.31	65.97	66.27	33.35	−18.82	−47.86	36.32	36.54	101.83
12	31.78	25.20	65.97	66.27	33.35	−18.82	−47.86	36.32	36.54	106.96
13	31.78	26.09	65.97	66.27	33.35	−18.82	−47.86	36.32	36.54	112.25
14	31.78	26.97	65.97	66.27	33.35	−18.82	−47.86	36.32	36.54	118.20
15	31.78	27.86	65.97	66.27	33.35	−18.82	−47.86	36.32	36.54	124.31
16	21.10	13.90	44.00	43.80	33.50	−14.08	−32.51	−116.88	9.74	83.90
17	21.10	14.01	44.00	43.80	33.50	−14.08	−32.51	−116.88	9.74	84.68
18	21.10	14.11	44.00	43.80	33.50	−14.08	−32.51	−116.88	9.74	85.46
19	21.10	14.22	44.00	43.80	33.50	−14.08	−32.51	−116.88	9.74	86.24
20	21.10	14.33	44.00	43.80	33.50	−14.08	−32.51	−116.88	9.74	87.02
21	21.10	14.44	44.00	43.80	33.50	−14.08	−32.51	−116.88	9.74	87.80
22	21.10	14.54	44.00	43.80	33.50	−14.08	−32.51	−116.88	9.74	88.58
23	21.10	14.65	44.00	43.80	33.50	−14.08	−32.51	−116.88	9.74	89.36
24	21.10	15.20	44.00	43.80	33.50	−14.08	−32.51	−116.88	9.74	93.63
25	21.10	15.75	44.00	43.80	33.50	−14.08	−32.51	−116.88	9.74	98.02
26	21.10	16.30	44.00	43.80	33.50	−14.08	−32.51	−116.88	9.74	102.43
27	21.10	16.85	44.00	43.80	33.50	−14.08	−32.51	−116.88	9.74	107.34
28	21.10	17.40	44.00	43.80	33.50	−14.08	−32.51	−116.88	9.74	112.34
29	21.10	17.95	44.00	43.80	33.50	−14.08	−32.51	−116.88	9.74	117.65
30	21.10	18.50	44.00	43.80	33.50	−14.08	−32.51	−116.88	9.74	123.55

由表 5-1 可以发现，两组参数在两个变换区域的角度呈现稳定变化（单调上升或者下降），没有出现明显的角度超出人体活动角度现象，满足膝关节对于机构重构过程的安全要求。而且，从计算得到的角度可以看出在满足安全性的前提下，从活动角度方面保证了膝关节外骨骼的灵活性。

5.3.3　膝关节外骨骼模型验证

膝关节外骨骼作为一种可穿戴机器人，在确定结构后，需要对穿戴后满足膝关节各种角度的运动进行验证,这也是膝关节外骨骼将来能够得到实际应用的前提。具体方法是从软件调取合适的人体模型,与膝关节外骨骼进行装配。之后分别让膝关节外骨骼跟随膝关节屈伸0°(站立状态)、30°(步行状态)、90°(坐姿)、120°(下蹲),基于模型验证结果去直观地分析膝关节外骨骼在穿戴后运动是否满足理论设计预期。

从图 5-2 中可以直观地看出,膝关节外骨骼结构在穿戴后能够较好地跟随膝关节一起运动,满足膝关节各个姿势运动角度对于膝关节外骨骼的角度和自由度的要求。同时,在模型验证阶段也可以发现,可重构膝关节在角度旋转过程中没有角度交叉和跳跃等安全风险情况出现,这与在膝关节自由度和旋转角度理论分析计算部分保持一致。

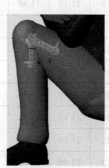

(a) 膝关节屈伸0°　　(b) 膝关节屈伸30°　　(c) 膝关节屈伸90°　　(d) 膝关节屈伸120°

图 5-2　膝关节外骨骼不同角度穿戴屈伸图

5.4　舒适性分析——轴线错位

可穿戴外骨骼与人体直接物理交互内力的重要影响就是轴线错位。由于膝关节是滑模关节,有其独特的关节结构,会在关节运动时产生特殊的非圆形的轨迹,因此当特定轨迹的膝关节与固定旋转中心一起运动时就会产生不可避免的错位,这是错位产生的主要原因。对在穿戴运动过程中涉及错位的三个方面进行分析对比,三个方面分别是两个变换区域的轨迹分析、两个构态的轨迹分析和柔性化轨迹分析。最后,将上述指标分别加权平均得到轴线错位的定量分析值。下面将对产生错位的多个因素进行全面的对比分析,以三个方面错位的总体分析作为对膝关节外骨骼结构错位的分析。

5.4.1　膝关节外骨骼模型轨迹分析方法

理论上,基于精确目标的综合得到的膝关节外骨骼可以跟踪膝关节的运动轨迹。为了验证基于图像组合方法和连杆综合方法得到的可重构膝关节外骨骼轨迹，将膝关节外骨骼的参数转化为连杆参数，计算膝关节外骨骼的实际运动轨迹。仍然可以采用连杆曲线方程计算膝关节外骨骼轨迹，之后与不同运动实验的轨迹数据进行对比分析。最后，确定膝关节和膝关节外骨骼之间的轴线错位程度和错位的定量描述，具体到每一个构态和构态变换区域，就是将可重构膝关节外骨骼的连杆机构参数代入连杆曲线方程，计算对应的膝关节轨迹曲线。

5.4.2　两个变换区域的轨迹分析

设计的膝关节外骨骼结构具有可重构的特性，能够实现多种速度。为了能够自动安全地切换多种速度需要的连杆长度，需要分析在连续变化过程中的轨迹范围是否超过关节的安全范围。安全地在各个速度之间连续变换是膝关节外骨骼机构设计可重构的前提，也是更好实现自动变换的必然要求。因为自动的机构变换实现，也是设计可重构机构的意义所在。不能连续自动变换多种速度的膝关节外骨骼结构，拥有多种速度的精确轨迹毫无意义。所以验证两个变换区域的轨迹范围不仅仅是安全性的必然要求，也是设计可重构机构成败的关键。

设计的可重构机构能够实现的 3 种速度分别为 1.5m/s、2.5m/s、3.5m/s，对应膝关节外骨骼结构的三个状态。由于需要在三种速度轨迹之间切换，所以需要跨越两个变换区域。膝关节外骨骼机构重构构态与变换区域之间的关系如图 5-3 所示。

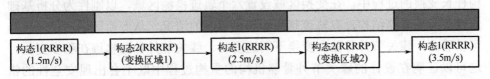

图 5-3　重构构态与变换区域的关系图

由图 5-3 可以清楚地观察两个变换区域以及机构两个构态之间的关系，其中构态 1 对应连杆参数实现的不同运动速度，如 1.5m/s、2.5m/s、3.5m/s，构态 2 对应连杆参数实现运动速度时需要变化的构态。构态之间的变化与实际速度变化需求一致，无交叉和跨越匹配情况，这是因为实现各个速度对应构态主要是利用连杆 r_2 的连续增大或者缩小。

在实现变换速度无交叉和跨越匹配的情况下，进一步考察在变换区域膝关节外骨骼结构的运动轨迹情况。由于两个变换区域的连杆变化并不相等，所以将变换连杆需要变换的尺寸进行归一化。对于每一个变换区域进行七等分，变换区域 1 等分示意图如图 5-4 所示。

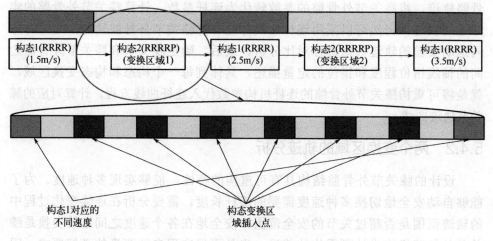

图 5-4　构态变换区域 1 等分示意图

如图 5-4 所示，分别以两个变换区域对应的参数为起止点，分析重构连杆 r_2 参数变换范围中六个等分点（插入点）重构变换区域的膝关节轨迹范围，以离散点的轨迹范围预测整个过程的轨迹范围。另外，由于膝关节整体结构加入柔性关节，为了取消柔性关节对轨迹范围的影响，在对比重构范围时只考虑刚性铰链时的轨迹。

下面分析变换区域 1 对应变换时的轨迹范围。图 5-5 是基于重构连杆 r_2 的变换范围进行等分得到不同插入点的对应参数轨迹图。从图 5-5 可以看出在重构杆长变换的过程中，在变换区域设置六个轨迹检测区域，以刚性为分析基础的膝关节外骨骼结构没有轨迹越线和超出范围的情况。从变换区域轨迹的趋势可以看出，膝关节外骨骼在变换不同速度时，膝关节外骨骼轨迹在稳步变化。这可以证明在设计的膝关节外骨骼机构的重构过程中既不会出现安全性的错位，也不会出现速度轨迹跨越式错位。

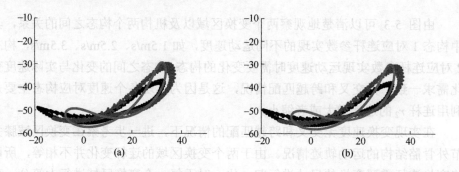

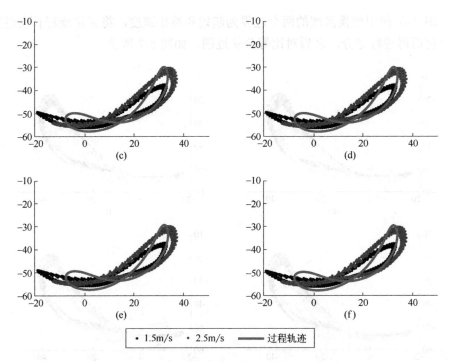

• 1.5m/s　• 2.5m/s　——— 过程轨迹

图 5-5　插入等分点变换区域参数轨迹对比

下面开始考察变换区域 2 变换时的轨迹范围。与分析变换区域 1 相同设置，对变换区域 2 进行七等分，对每一个等分的对应轨迹进行分析，等分示意图如图 5-6 所示。

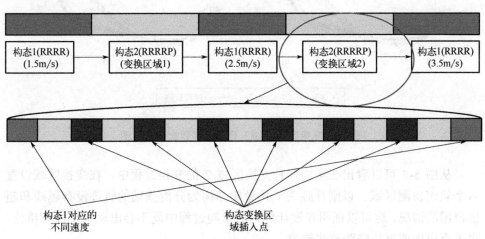

图 5-6　构态变换区域 2 等分示意图

图 5-6 使用变换区域的两个边界为起始和终止速度，将变化连杆长度进行归一化后再进行等分，之后对比等分轨迹图，如图 5-7 所示。

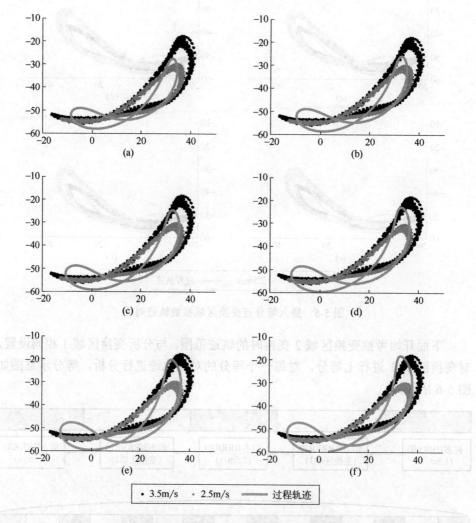

图 5-7　变换区域 2 插入等分点参数轨迹对比图

从图 5-7 可以看出在重构杆长变换区域 2 的变换过程中，在变换区域设置六个轨迹检测区域。以刚性膝关节外骨骼结构为分析基础的轨迹没有越线和超出范围的情况，这可以证明在设计机构的重构过程中既不会出现安全性的错位，也不会出现速度轨迹跨越式错位。

基于两个变换区域分别插入的六个离散观察位置的轨迹情况分析，第一组连杆参数在两个变化区域没有出现安全性的错位，也不会出现速度轨迹跨越式错位。同样的方法对第二组连杆机构参数进行考察，使用与第一组参数相同的等分点插入方法分析第二组参数对应的机构。下面考察第二组参数变换区域 1 对应变换时的膝关节外骨骼轨迹范围，如图 5-8 所示。

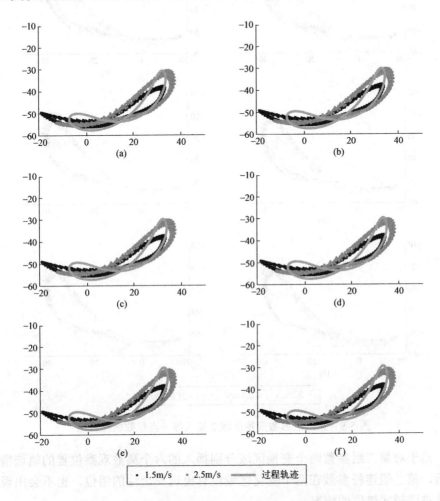

图 5-8　第二组参数变换区域 1 插入等分点参数轨迹对比

如图 5-8 所示，基于重构连杆 r_2 的变换范围进行等分得到不同插入点对应参数的轨迹图。在图 5-8 可以看出在重构杆长变换的过程中，在变换区域设置六个轨迹检测区域，以刚性膝关节外骨骼结构为分析基础的轨迹没有越线和超出范围的情况。这可以证明在设计机构的重构过程中既不会出现安全性的错位，也不会出现速度轨迹跨越式错位。

下面对第二组考察变换区域 2 对应的变换时的轨迹范围，如图 5-9 所示。

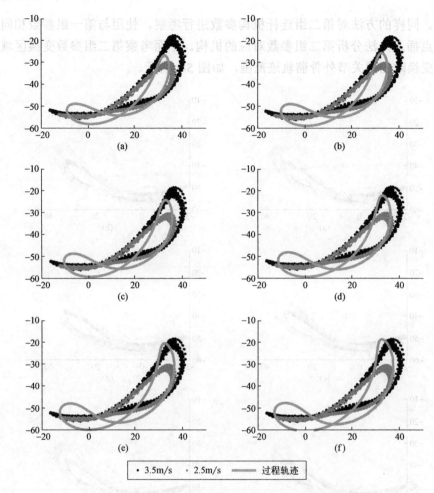

• 3.5m/s • 2.5m/s ——— 过程轨迹

图 5-9　第二组参数变换区域 2 插入等分点参数轨迹对比

　　基于对第二组参数两个变换区域分别插入的六个离散观察位置的轨迹情况分析，第二组连杆参数在两个变化区域没有出现安全性的错位，也不会出现速度轨迹跨越式错位的情况。

　　在计算了上述两组机构参数变化区域的轨迹情况后，仍然需要关注最直接的连杆运动过程中的角度变换的大小。两组机构的每组十二个参数对应的角度变换值如表 5-2 所示。

表 5-2　两组参数变换过程对应的变换角度

No.	r_1/mm	r_2/mm	r_3/mm	r_4/mm	r_5/mm	x_A/mm	y_A/mm	β/(°)	α/(°)	θ/(°)
1	31.78	21.35	65.97	66.27	33.35	−18.82	−47.86	36.32	36.54	86.31
2	31.78	21.39	65.97	66.27	33.35	−18.82	−47.86	36.32	36.54	86.51

续表

No.	r_1 /mm	r_2 /mm	r_3 /mm	r_4 /mm	r_5 /mm	x_A /mm	y_A /mm	β/(°)	α/(°)	θ/(°)
3	31.78	21.44	65.97	66.27	33.35	−18.82	−47.86	36.32	36.54	86.72
4	31.78	21.48	65.97	66.27	33.35	−18.82	−47.86	36.32	36.54	86.92
5	31.78	21.52	65.97	66.27	33.35	−18.82	−47.86	36.32	36.54	87.14
6	31.78	21.56	65.97	66.27	33.35	−18.82	−47.86	36.32	36.54	87.36
7	31.78	21.61	65.97	66.27	33.35	−18.82	−47.86	36.32	36.54	87.58
8	31.78	21.65	65.97	66.27	33.35	−18.82	−47.86	36.32	36.54	87.80
9	31.78	22.54	65.97	66.27	33.35	−18.82	−47.86	36.32	36.54	92.37
10	31.78	23.42	65.97	66.27	33.35	−18.82	−47.86	36.32	36.54	96.96
11	31.78	24.31	65.97	66.27	33.35	−18.82	−47.86	36.32	36.54	101.83
12	31.78	25.20	65.97	66.27	33.35	−18.82	−47.86	36.32	36.54	106.96
13	31.78	26.09	65.97	66.27	33.35	−18.82	−47.86	36.32	36.54	112.25
14	31.78	26.97	65.97	66.27	33.35	−18.82	−47.86	36.32	36.54	118.20
15	31.78	27.86	65.97	66.27	33.35	−18.82	−47.86	36.32	36.54	124.31
16	21.10	13.90	44.00	43.80	33.50	−14.08	−32.51	−116.88	9.74	83.90
17	21.10	14.01	44.00	43.80	33.50	−14.08	−32.51	−116.88	9.74	84.68
18	21.10	14.11	44.00	43.80	33.50	−14.08	−32.51	−116.88	9.74	85.46
19	21.10	14.22	44.00	43.80	33.50	−14.08	−32.51	−116.88	9.74	86.24
20	21.10	14.33	44.00	43.80	33.50	−14.08	−32.51	−116.88	9.74	87.02
21	21.10	14.44	44.00	43.80	33.50	−14.08	−32.51	−116.88	9.74	87.80
22	21.10	14.54	44.00	43.80	33.50	−14.08	−32.51	−116.88	9.74	88.58
23	21.10	14.65	44.00	43.80	33.50	−14.08	−32.51	−116.88	9.74	89.36
24	21.10	15.20	44.00	43.80	33.50	−14.08	−32.51	−116.88	9.74	93.63
25	21.10	15.75	44.00	43.80	33.50	−14.08	−32.51	−116.88	9.74	98.02
26	21.10	16.30	44.00	43.80	33.50	−14.08	−32.51	−116.88	9.74	102.43
27	21.10	16.85	44.00	43.80	33.50	−14.08	−32.51	−116.88	9.74	107.34
28	21.10	17.40	44.00	43.80	33.50	−14.08	−32.51	−116.88	9.74	112.34
29	21.10	17.95	44.00	43.80	33.50	−14.08	−32.51	−116.88	9.74	117.65
30	21.10	18.50	44.00	43.80	33.50	−14.08	−32.51	−116.88	9.74	123.55

由表 5-2 可以发现，两组参数在两个构态变换区域的角度呈现稳定变换（单调上升或者下降），没有出现明显的角度超出人体活动角度现象，满足膝关节对于机构重构过程的要求。

5.4.3 两个构态的轨迹分析

多构态切换过程的轨迹分析主要验证速度对连杆连续重构的要求是否满足，基于连杆参数从功能上的分析发现连杆能够在不同速度下跟踪膝关节的运动。为了验证在每一个构态的外骨骼支撑特性，需要分析计算得到的两组参数分别对应的三个构态的轨迹重合性，以此反映可重构连杆能够缓解轴线错位的能力。

轨迹精确分析的方法是基于实验数据与连杆曲线之间的误差计算。将得到的膝关节轨迹运动的不同速度的数据点分别进行拟合，在拟合曲线的基础上提取数据点 (x_i, y_i) 后，计算与连杆曲线上相同位置的数据点 (x_j, y_j) 的最小距离。计算公式可表示为

$$T_{error} = \sum_{\substack{i=1 \\ j=1}}^{n} \sqrt{\left(x_i - x_j\right)^2 + \left(y_i - y_j\right)^2}, \; i,j = 1,2,\cdots,30 \quad (5\text{-}1)$$

实验拟合数据点利用在精确综合时的数据点，分别对两组参数对应的数据点进行提取。1.5m/s、2.5m/s、3.5m/s 三种速度下的连杆曲线取点如表 5-3 所示。

表 5-3 膝关节外骨骼在三种速度下的运动轨迹点（数据点）

No.	x（1.5m/s）	y（1.5m/s）	x（2.5m/s）	y（2.5m/s）	x（3.5m/s）	y（3.5m/s）
1	-18.00	-49.44	-11.50	-54.15	-13.00	-52.88
2	-14.50	-50.73	-8.20	-54.28	-9.20	-53.28
3	-11.00	-51.68	-4.90	-54.59	-5.40	-54.16
4	-7.50	-52.42	-1.60	-54.67	-1.60	-54.47
5	-4.00	-52.98	1.70	-54.32	2.20	-53.95
6	-0.50	-53.28	5.00	-53.47	6.00	-52.70
7	3.00	-53.22	8.30	-52.08	9.80	-50.87
8	6.50	-52.66	11.60	-50.15	13.60	--48.49
9	10.00	-51.51	14.90	-47.71	17.40	-45.40
10	13.50	-49.72	18.20	-44.79	21.20	-41.33
11	17.00	-47.35	21.50	-41.48	25.00	-36.10
12	20.50	-44.58	24.80	-37.98	28.80	-29.95
13	24.00	-41.75	28.10	-34.68	32.60	-23.95
14	27.50	-39.38	31.40	-32.24	36.40	-20.64
15	31.00	-38.25	34.70	-31.74	40.20	-24.66
16	-17.00	-50.87	-10.00	-54.85	-15.00	-52.65

No.	x（1.5m/s）	y（1.5m/s）	x（2.5m/s）	y（2.5m/s）	x（3.5m/s）	y（3.5m/s）
17	−13.50	−53.02	−6.80	−55.39	−11.20	−54.27
18	−10.00	−54.28	−3.60	−55.47	−7.40	−55.28
19	−6.50	−55.16	−0.40	−55.16	−3.60	−55.61
20	−3.00	−55.76	2.80	−54.58	0.20	−55.28
21	0.50	−56.00	6.00	−53.84	4.00	−54.39
22	4.00	−55.75	9.20	−53.08	7.80	−53.14
23	7.50	−54.99	12.40	−52.38	11.60	−51.76
24	11.00	−53.81	15.60	−51.76	15.40	−50.45
25	14.50	−52.40	18.80	−51.19	19.20	−49.36
26	18.00	−50.99	22.00	−50.52	23.00	−48.49
27	21.50	−49.68	25.20	−49.51	26.80	−47.57
28	25.00	−48.23	28.40	−47.76	30.60	−46.01
29	28.50	−45.85	31.60	−44.73	34.40	−42.74
30	32.00	−40.78	34.80	−39.68	38.20	−36.05

表 5-4 中是连杆机构曲线的具体选点数值。其中，每一次重构轨迹赋予相同权重，进行轨迹重合性计算。在第一组结构参数下，膝关节外骨骼在三种速度下的轨迹得到的数据点如表 5-4 所示。

表 5-4　第一组结构参数下膝关节外骨骼三种速度下的运动轨迹点

No.	x（1.5m/s）	y（1.5m/s）	x（2.5m/s）	y（2.5m/s）	x（3.5m/s）	y（3.5m/s）
1	−18.00	−49.44	−11.50	−54.15	−13.00	−54.84
2	−14.50	−50.73	−8.20	−54.28	−9.20	−58.50
3	−11.00	−51.68	−4.90	−56.20	−5.40	−60.09
4	−7.50	−52.51	−1.60	−57.45	−1.60	−50.58
5	−4.00	−49.66	1.70	−57.79	2.20	−54.04
6	−0.50	−50.23	5.00	−52.24	6.00	−56.57
7	3.00	−51.43	8.30	−53.25	9.80	−57.75
8	6.50	−52.65	11.60	−53.79	13.60	−56.33
9	10.00	−53.47	14.90	−53.32	17.40	−53.40
10	13.50	−53.71	18.20	−50.69	21.20	−49.38
11	17.00	−51.65	21.50	−47.22	25.00	−43.58

No.	x（1.5m/s）	y（1.5m/s）	x（2.5m/s）	y（2.5m/s）	x（3.5m/s）	y（3.5m/s）
12	20.50	−48.31	24.80	−42.60	28.80	−33.16
13	24.00	−43.80	28.10	−36.26	32.60	−16.01
14	27.50	−37.59	31.40	−29.62	36.40	−21.76
15	31.00	−42.77	34.70	−31.74	40.20	−24.66
16	−17.00	−50.87	−10.00	−54.85	−15.00	−52.65
17	−13.50	−53.02	−6.80	−54.65	−11.20	−57.03
18	−10.00	−54.28	−3.60	−56.84	−7.40	−59.41
19	−6.50	−50.35	−0.40	−57.66	−3.60	−60.48
20	−3.00	−56.88	2.80	−51.41	0.20	−52.23
21	0.50	−57.61	6.00	−52.59	4.00	−55.42
22	4.00	−57.53	9.20	−53.45	7.80	−57.27
23	7.50	−56.81	12.40	−53.84	11.60	−57.52
24	11.00	−55.48	15.60	−52.82	15.40	−55.06
25	14.50	−53.66	18.80	−50.13	19.20	−51.66
26	18.00	−53.07	22.00	−51.68	23.00	−46.93
27	21.50	−51.77	25.20	−49.66	26.80	−52.70
28	25.00	−49.64	28.40	−46.68	30.60	−49.12
29	28.50	−46.35	31.60	−41.96	34.40	−43.64
30	32.00	−40.75	34.80	−39.68	38.20	−36.05

在第二组结构参数下，基于三种速度轨迹得到的数据点如表 5-5 所示。

表 5-5　第二组结构参数下膝关节外骨骼三种速度下的运动轨迹点

No.	x（1.5m/s）	y（1.5m/s）	x（2.5m/s）	y（2.5m/s）	x（3.5m/s）	y（3.5m/s）
1	−18.00	−49.44	−11.50	−54.15	−13.00	−54.84
2	−14.50	−50.73	−8.20	−52.56	−9.20	−58.51
3	−11.00	−51.68	−4.90	−56.51	−5.40	−60.10
4	−7.50	−52.42	−1.60	−57.67	−1.60	−50.59
5	−4.00	−49.81	1.70	−57.98	2.20	−54.05
6	−0.50	−50.25	5.00	−52.37	6.00	−56.57
7	3.00	−51.36	8.30	−53.43	9.80	−57.76
8	6.50	−52.52	11.60	−53.99	13.60	−56.33

No.	x（1.5m/s）	y（1.5m/s）	x（2.5m/s）	y（2.5m/s）	x（3.5m/s）	y（3.5m/s）
9	10.00	−53.31	14.90	−53.45	17.40	−53.41
10	13.50	−53.53	18.20	−50.81	21.20	−49.39
11	17.00	−51.54	21.50	−47.33	25.00	−43.59
12	20.50	−48.21	24.80	−42.66	28.80	−33.18
13	24.00	−43.75	28.10	−36.20	32.60	−16.01
14	27.50	−37.65	31.40	−29.06	36.40	−21.75
15	31.00	−42.36	34.70	−31.74	40.20	−24.66
16	−17.00	−50.87	−10.00	−54.85	−15.00	−52.65
17	−13.50	−53.02	−6.80	−55.13	−11.20	−57.03
18	−10.00	−54.28	−3.60	−57.10	−7.40	−59.41
19	−6.50	−54.07	−0.40	−57.86	−3.60	−60.49
20	−3.00	−56.62	2.80	−57.94	0.20	−52.24
21	0.50	−57.41	6.00	−52.73	4.00	−55.43
22	4.00	−57.37	9.20	−53.63	7.80	−57.28
23	7.50	−56.67	12.40	−54.04	11.60	−57.53
24	11.00	−55.35	15.60	−52.95	15.40	−55.06
25	14.50	−53.48	18.80	−50.81	19.20	−51.67
26	18.00	−52.87	22.00	−51.91	23.00	−46.94
27	21.50	−51.56	25.20	−49.91	26.80	−52.70
28	25.00	−49.40	28.40	−46.98	30.60	−49.12
29	28.50	−46.06	31.60	−42.41	34.40	−43.65
30	32.00	−40.21	34.80	−39.68	38.20	−36.05

　　这里没有考虑柔性铰链的影响，只把柔性铰链的影响理想化为一个基于刚性铰链轨迹的环形区域。由式（5-1）分别计算对应三种速度的轨迹错位系数，错位系数是指膝关节在运动过程中与外骨骼之间的平均错位距离。其中，第一组参数对应的三种速度平均错位距离分别为：速度 1.5m/s 对应的平均错位距离为 2.116mm，速度 2.5m/s 对应的平均错位距离为 2.325mm，速度 3.5m/s 对应的平均错位距离为 4.252mm。第二组参数对应三种速度平均错位距离分别为：速度 1.5m/s 对应的平均错位距离为 1.933mm，速度 2.5m/s 对应的平均错位距离为 2.380mm，速度 3.5m/s 对应的平均错位距离为 4.256mm。三种系数加权平均得到总的错位系数。

$$T_{Terror} = \frac{T_{error1.5} + T_{error2.5} + T_{error3.5}}{3}$$ （5-2）

最后，得到第一组结构参数的平均错位距离为 2.898mm，第二组结构参数的平均错位距离为 2.856mm，这从结构上证明了四杆机构膝关节外骨骼穿戴过程的舒适性更高。

5.4.4 柔性化轨迹分析

不同的人运动习惯并不一致，这一特性从受试者的运动轨迹里也可以发现，在相同速度下各位受试者的轨迹并不完全相同。为了适应不同人对特定轨迹的需求，基于特定轨迹进行设计，然后在一定范围内进行柔性化设计以满足大多数人运动轨迹的需求，这也是采用柔性化设计的最终目的。同时，柔性化设计有助于降低平均错位距离或者说运动过程中的错位程度。

基于刚性轨迹的分析，进一步分析柔性化后的轨迹。为了减少力-变形对错位结果的影响，这里只考虑理想状态下的机构平均错位距离。将柔性变形范围理想化为一个沿刚性轨迹形成的环形带。以相同的取点方式进行取点，与刚性轨迹取点的差异在于取环形带距离目标点误差最小的点，因为材料特性在偏离理想位置越远的位置，添加柔性单元后修正效果越大。基于上述设置进行取点，第二组结构参数计算得到的平均错位距离分别为：速度 1.5m/s 对应的平均错位距离为 1.501mm，速度 2.5m/s 对应的平均错位距离为 1.520mm，速度 3.5m/s 对应的平均错位距离为 1.803mm，总的平均错位距离为 1.608mm。

经过计算，在考虑了柔性理想状态变形的情况，总的平均错位距离下降到1.608mm，降低了轴线错位程度。从不同速度的平均错位距离可以发现，与没有加入柔性单元相比总体降低了错位程度。对于错位程度越大（如速度 3.5m/s），平均错位距离改善越明显，对于错位程度较小（如速度 1.5m/s），平均错位距离也有一定程度的改善，进一步说明在外骨骼结构设计中加入柔性单元的必要性和柔性单元的优越性。同时错位系数的降低，会反映膝关节外骨骼在运动过程中的舒适性和支撑特性。

5.5 舒适性分析——人机交互力

一般地，对于舒适性的定义多为自然体态下不受力的状态描述，所以将不受力或者受力较小作为舒适性的主要参考指标。对于舒适性的分析影响因素较多，自由活动范围受限、允许活动角度太小和轴线错位程度都会影响穿戴者对于外骨骼舒适性的分析。一般地，舒适性是穿戴者对于外骨骼基于生理感知的心理学分析。有学者提出将舒适性直接影响因素作为主要的分析基础，采用皮肤的压力、剪力等可测量的指标反映穿戴舒适性，而且还对人体不同范围皮肤对于不同压力和剪力的忍耐进行了研究[158,159]。这样的舒适性分析方法更为精确直接，但是需要产品研发出来后进行分析，根据分析结果进行改进，延长了设计和优化外骨骼的整个周期。基于轴线错位计算得到的人机交互力分析外骨骼的舒适性，可以在设计外骨骼结构的过程中提供舒适性分析，达到辅助提示作用而缩短整个外骨骼产品的研发周期。

5.5.1　人机交互力的分析

大多数的外骨骼都依赖于柔性织带与人体的绑缚辅助，进而跟随人体一起运动。通过人和外骨骼两者之间的相互影响，实现一定程度的协同运动。然而，这一过程的内力传递不可避免，当外骨骼的运动与人体不完全一致时，在绑缚处的外骨骼就会与皮肤软组织进行力的传递。人机交互力基本由对关节的有效助力、交互过程产生的摩擦力、轴线不对齐引起的剪力组成，降低摩擦力和剪切力是提高舒适性的关键措施[160]。

为了便于计算，假设膝关节外骨骼与小腿连接部分为刚性接触，不发生相对运动，摩擦力和对皮肤的剪力只发生在膝关节外骨骼与大腿的连接部位，膝关节外骨骼人机交互力模型如图 5-10 所示。

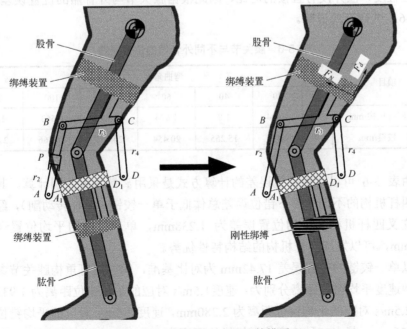

图 5-10　人机交互力的计算模型

膝关节外骨骼与大腿连接部位的交互力可以使用模拟黏弹性特性的沃伊特元件计算，那么沃伊特元件产生的力 F_d 被定义为[135]

$$F_d = kd + b\dot{d} \tag{5-3}$$

式中，k 为刚度；d 为位移距离；$\dot{d}$ 为位移速度；b 为膝关节外骨骼绑缚处的摩擦系数。

由式（5-3）可以发现，F_d（交互力中剪切力、摩擦力）的大小与式中的位移距离（错位程度）有关。在其它参数不变的情况下，在同一速度下降低错位程度可以有效降低交互力。所以，可以通过计算轴线错位距离来反映人机交互力的大小，进而反映外骨骼的穿戴舒适性。那么，基于轴线错位计算的外骨骼舒适性就会在设计外骨骼结构参数时达到对产品预报功能，而缩短外骨骼产品迭代开发周期。

总体来看，计算得到的第二组结构参数的舒适性指标略高一些，第二组的参数组成的机构可以更小，可以满足对于型号的要求，第一组结构参数对于制造更为友好一些。

5.5.2 人机交互力的对比

相比两杆转动副（单一铰链），膝关节外骨骼利用交叉四杆机构可以有效降低错位程度，但并没有直接的对比，因此根据膝关节与外骨骼的位置误差表[135]（表 5-6）进行直观说明。

表 5-6 膝关节与不同外骨骼的位置误差

项目	弯曲角度/（°）						
	0	20	40	60	80	100	120
交叉四杆机构/mm	0	1.694	1.8	1.874	1.428	0.563	1.307
单一铰链/mm	0	8.499	15.255	20.454	24.131	26.366	27.212

由表 5-6 可以看出位置误差的计算方式是采用离散角度分别计算。其中，交叉四杆机构的不同角度下错位误差总体低于单一铰链（两杆转动副），经过运算，交叉四杆机构的平均位置误差为 1.238mm，单一铰链的平均位置误差为 17.42mm，可以发现四杆机构的结构特性优势。

以单一铰链的位置误差 17.42mm 为对比基准，第二组可重构膝关节参数对应三种速度平均错位距离分别为：速度1.5m/s 对应的平均错位距离为 1.933mm，速度 2.5m/s 对应的平均错位距离为 2.380mm，速度 3.5m/s 对应的平均错位距离为 4.256mm。其中三种速度的平均错位距离为 2.856mm，错位距离缩小了 80%

左右。在加入柔性构件计算后，第二组结构参数计算得到的平均错位距离分别为：速度 1.5m/s 对应的平均错位距离为 1.501mm，速度 2.5m/s 对应的平均错位距离为 1.520mm，速度 3.5m/s 对应的平均错位距离为 1.803mm。总的平均错位距离下降到 1.608mm，错位距离缩小了 90%左右。通过分析发现基于四杆机构设计的可重构膝关节可以有效降低物理交互力中剪切力和摩擦力引起的不舒适感觉。

5.6　本章小结

　　本章主要介绍了膝关节外骨骼的分析指标，并对设计的膝关节外骨骼结构进行了分析。介绍了分析膝关节外骨骼的人服系统的基本原则，并从膝关节外骨骼的两个维度——安全性、舒适性进行分析。安全性主要考察了机构的自由度和在活动过程中的角度。舒适性基于轴线错位程度和人机交互力两个方面分析。轴线错位主要分析机构在运动变换过程和两个构态切换过程中的轨迹一致性，在计算轨迹错位的平均值的基础上分析人机交互力。基于沃伊特元件产生的约束力公式，将人机交互力的对比转化为平均错位距离的对比。通过平均错位距离计算说明了可重构四杆机构在提升外骨骼穿戴舒适性上的结构优越性，得到人机交互力的剪切力在刚性可重构膝关节外骨骼结构下减少了 80%，在加入柔性单元的可重构膝关节外骨骼结构下减少了 90%。另外，基于平均错位距离计算的人服系统舒适性可以在结构设计时就预报膝关节外骨骼的舒适性，可以缩短外骨骼研发迭代周期。

行云，在加入系数块计算后，将三组结果，以计算仿真结果的X坐标位置偏
为X，速度为1.5m/s次运动的平均值偏移为0.3mm，偏差2.5v/3次内的平均偏
移最大为1.20mm，速度3.5m/s次运动的平均值偏差为1.203mm，2.8v/3次轻化。

范围的调和的有意变化可以看出，基于…的校准的运动的…

参考文献

[1] ALIMAN N, RAMLI R, HARIS S M. Design and development of lower limb exoskeletons: A survey [J]. Robotics and Autonomous Systems, 2017, 95: 102-116.

[2] YOUNG A J, FERRIS D P. State of the art and future directions for lower limb robotic exoskeletons [J]. IEEE Transactions on Neural Systems and Rehabilitation Engineering, 2017, 25 (2): 171-182.

[3] MA Y, WU X Y, YI J G, et al. A review on human-exoskeleton coordination towards lower limb robotic exoskeleton systems [J]. International Journal of Robotics & Automation, 2019, 34 (4): 431-451.

[4] GULL M A, BAI S, BAK T. A review on design of upper limb exoskeletons [J]. Robotics, 2020, 9 (16): 1-35.

[5] 张峻霞, 蔡运红, 刘琪. 穿戴式下肢外骨骼对人体步态特性的影响研究 [J]. 生物医学工程学杂志, 2019, 36: 785-794.

[6] 赵新刚, 谈晓伟, 张弼. 柔性下肢外骨骼机器人研究进展及关键技术分析 [J]. 机器人, 2020, 42: 365-384.

[7] DOLLAR A M, HERR H. Lower extremity exoskeletons and active orthoses: Challenges and state-of-the-art [J]. IEEE Transactions on Robotics, 2008, 24 (1): 144-158.

[8] BOGUE R. Exoskeletons and robotic prosthetics: A review of recent developments [J]. Industrial Robot: An International Journal, 2009, 36 (5): 421-427.

[9] ZOSS A B, KAZEROONI H, CHU A. Biomechanical design of the Berkeley lower extremity exoskeleton (BLEEX) [J]. IEEE/ASME Transactions on Mechatronics, 2006, 11 (2): 128-138.

[10] KONG K, BAE J, TOMIZUKA M. A compact rotary series elastic actuator for human assistive systems [J]. IEEE/ASME Transactions on Mechatronics, 2012, 17 (2): 288-297.

[11] 李剑锋, 李国通, 张雷雨, 等. 穿戴式柔性下肢助力机器人发展现状及关键技术分析 [J]. 自动化学报, 2020, 46: 427-438.

[12] 更云. 美国 ONYX 外骨骼系统研制最新进展 [J]. 轻兵器, 2019 (02): 15.

[13] WALSH C J, ENDO K, HERR H. A quasi-passive leg exoskeleton for load-carrying augmentation [J]. International Journal of Humanoid Robotics, 2007, 4 (3): 487-506.

[14] WALSH C J, PASCH K, HERR H. An autonomous, underactuated exoskeleton for load-carrying augmentation [C] // 2006 IEEE/RSJ International Conference on Intelligent Robots and Systems, October 9-15, 2006, Beijing, China. New York: IEEE, c2006: 1410-1415.

[15] COLLINS S H, WIGGIN M B, SAWICKI G S. Reducing the energy cost of human walking using an unpowered exoskeleton [J]. Nature, 2015, 522 (7555): 212-215.

［16］WITTE K A，FIERS P，SHEETS-SINGER A L，et al. Improving the energy economy of human running with powered and unpowered ankle exoskeleton assistance［J］. Science Robotics，2020，5（40）：1-8.

［17］SLADE P，TROUTMAN R，KOCHENDERFER M J，et al. Rapid energy expenditure estimation for ankle assisted and inclined loaded walking［J］. Journal of Neuro Engineering and Rehabilitation，2019，16（67）：1-10.

［18］CHIU V L，VOLOSHINA A S，COLLINS S H. An ankle-foot prosthesis emulator capable of modulating center of pressure［J］. IEEE Transactions on Biomedical Engineering，2020，67（1）：166-176.

［19］POGGENSEE K L，COLLINS S H. How adaptation，training，and customization contribute to benefits from exoskeleton assistance［J］. Science Robotics，2021，6（58）：1-44.

［20］WELKER C G，CHIU V L，VOLOSHINA A S，et al. Teleoperation of an ankle-foot prosthesis with a wrist exoskeleton［J］. IEEE Transactions on Biomedical Engineering，2021，68（5）：1714-1725.

［21］ZHANG J，COLLINS S H. The iterative learning gain that optimizes real-time torque tracking for ankle exoskeletons in human walking under gait variations［J］. Frontiers in Neurorobotics，2021，15：653409.

［22］SUZUKI K，MITO G，KAWAMOTO H，et al. Intention-based walking support for paraplegia patients with robot suit HAL［J］. Advanced Robotics，2007，21（12）：1441-1469.

［23］PAK Y J，KOIKE A，WATANABE H，et al. Effects of a cyborg-type robot suit HAL on cardiopulmonary burden during exercise in normal subjects［J］. European Journal of Applied Physiology，2019，119（2）：487-493.

［24］EZAKI S，KADONE H，KUBOTA S，et al. Analysis of gait motion changes by intervention using robot suit hybrid assistive limb（HAL）in myelopathy patients after decompression surgery for ossification of posterior longitudinal ligament［J］. Frontiers in Neurorobotics，2021，15：650118.

［25］小开. 俄罗斯 EO-1 被动型外骨骼有望 2019 年底前完成认证测试［J］. 轻兵器，2019（05）：81.

［26］CHRISTENSEN S，RAFIQUE S，BAI S. Design of a powered full-body exoskeleton for physical assistance of elderly people［J］. International Journal of Advanced Robotic Systems，2021，18（6）：1-15.

［27］觅海. 法国推出 V3 型 "大力神" 外骨骼［J］. 轻兵器，2016（18）：53.

［28］向馗，易畅，尹凯阳，等. 一种踝关节行走助力外骨骼的设计［J］. 华中科技大学学报（自然科学版），2015，43：367-371.

［29］ZHANG J F，DONG Y M，YANG C J，et al. 5-Link model based gait trajectory adaption control strategies of the gait rehabilitation exoskeleton for post-stroke patients［J］. Mechatronics，2010，20（3）：368-376.

［30］陈占伏，杨秀霞，顾文锦. 下肢外骨骼机械结构的分析与设计［J］. 计算机仿真，2008（08）：238-241，334.

［31］ZHANG C，ZANG X，LENG Z，et al. Human-machine force interaction design and control for the

HIT load-carrying exoskeleton [J]. Advances in Mechanical Engineering, 2016, 8 (4): 1-14.

[32] 于海涛, 郭伟, 谭宏伟, 等. 基于气动肌腱驱动的拮抗式仿生关节设计与控制 [J]. 机械工程学报, 2012, 48: 1-9.

[33] 张煜. "超能勇士——2019"单兵外骨骼系统挑战赛三项第一 [J]. 轻兵器, 2020 (01): 53.

[34] HAO M, ZHANG J, CHEN K, et al. Supernumerary robotic limbs to assist human walking with load carriage [J]. Journal of Mechanisms and Robotics-Transactions of the ASME, 2020, 12 (6): 1-9.

[35] 傲鲨. 行业动态 (新应用) [J]. 机器人技术与应用, 2020, 03: 11.

[36] ZHOU T, XIONG C, ZHANG J, et al. Regulating metabolic energy among joints during human walking using a multiarticular unpowered exoskeleton [J]. IEEE Transactions on Neural Systems and Rehabilitation Engineering, 2021, 29: 662-672.

[37] ZHOU T C, XIONG C H, ZHANG J J, et al. Reducing the metabolic energy of walking and running using an unpowered hip exoskeleton [J]. Journal of Neuroengineering and Rehabilitation, 2021, 18 (95): 1-15.

[38] DING Y, KIM M, KUINDERSMA S, et al. Human-in-the-loop optimization of hip assistance with a soft exosuit during walking [J]. Science Robotics, 2018, 3 (15): 1-8.

[39] PANIZZOLO F A, GALIANA I, ASBECK A T, et al. A biologically-inspired multi-joint soft exosuit that can reduce the energy cost of loaded walking [J]. Journal of NeuroEngineering and Rehabilitation, 2016, 13 (1): 43-56.

[40] PORCIUNCULA F, BAKER T C, REVI D A, et al. Targeting paretic propulsion and walking speed with a soft robotic exosuit: A consideration-of-concept trial [J]. Frontiers in Neurorobotics, 2021, 15: 689577.

[41] LEE G, KIM J, PANIZZOLO F A, et al. Reducing the metabolic cost of running with a tethered soft exosuit [J]. Science Robotics, 2017, 2 (6): 668-672.

[42] LEE S, KIM J, BAKER L, et al. Autonomous multi-joint soft exosuit with augmentation-power-based control parameter tuning reduces energy cost of loaded walking [J]. Journal of NeuroEngineering and Rehabilitation, 2018, 15 (1): 66-75.

[43] BAUR K, ROHRBACH N, HERMSDORFER J, et al. The "Beam-Me-In Strategy" - remote haptic therapist-patient interaction with two exoskeletons for stroke therapy [J]. Journal of NeuroEngineering and Rehabilitation, 2019, 16: 85.

[44] KELLER U, VAN HEDEL H J A, KLAMROTH-MARGANSKA V, et al. ChARMin: The first actuated exoskeleton robot for pediatric arm rehabilitation [J]. IEEE/ASME Transactions on Mechatronics, 2016, 21 (5): 2201-2213.

[45] JUST F, OEZEN O, BOESCH P, et al. Exoskeleton transparency: Feed-forward compensation

vs. disturbance observer [J]. At-Automatisierungstechnik, 2018, 66 (12): 1014-1026.

[46] SCHMIDT K, DUARTE J E, GRIMMER M, et al. The myosuit: Bi-articular anti-gravity exosuit that reduces hip extensor activity in sitting transfers [J]. Frontiers in Neurorobotics, 2017, 11: 57.

[47] JUNG J, JANG I, RIENER R, et al. Walking intent detection algorithm for paraplegic patients using a robotic exoskeleton walking assistant with crutches [J]. International Journal of Control Automation and Systems, 2012, 10 (5): 954-962.

[48] DI NATALI C, POLIERO T, SPOSITO M, et al. Design and evaluation of a soft assistive lower limb exoskeleton [J]. Robotica, 2019, 37 (12): 2014-2034.

[49] 陈春杰. 基于柔性传动的助力全身外骨骼机器人系统研究 [D]. 深圳: 中国科学院大学, 2017.

[50] 张琦, 田梦倩, 李伟强, 等. 复式套索人工肌肉驱动的下肢外骨骼的运动控制 [J]. 机器人, 2021, 43: 214-223.

[51] 徐丰羽, 蒋全胜, 江丰友, 等. 基于堵塞原理的变刚度软体机器人设计与试验 [J]. 机械工程学报, 2020, 56: 67-77.

[52] 贾山, 王兴松, 路新亮, 等. 基于踝关节处人机位姿误差的外骨骼摆动腿控制 [J]. 机器人, 2015, 37: 403-414.

[53] 韩亚丽, 王兴松. 下肢助力外骨骼的动力学分析及仿真 [J]. 系统仿真学报, 2013, 25: 61-67, 73.

[54] SHAN H, JIANG C, MAO Y, et al. Design and control of a wearable active knee orthosis for walking assistance [C] // 14th IEEE International Workshop on Advanced Motion Control, April, 22-24, 2016, Auckland, New Zealand. New York: Institute of Electrical and Electronics Engineers Inc. c2016: 51-56.

[55] CHRISTENSEN S, BAI S. Kinematic analysis and design of a novel shoulder exoskeleton using a double parallelogram linkage [J]. Journal of Mechanisms and Robotics-Transactions of the ASME, 2018, 10 (4): 041008.

[56] SHEN Z, ALLISON G, CUI L. An integrated type and dimensional synthesis method to design one degree-of-freedom planar linkages with only revolute joints for exoskeletons [J]. Journal of Mechanical Design, 2018, 140 (9): 092302.

[57] ETENZI E, BORZUOLA R, GRABOWSKI A M. Passive-elastic knee-ankle exoskeleton reduces the metabolic cost of walking [J]. Journal of NeuroEngineering and Rehabilitation, 2020, 17 (104): 1-15.

[58] LI B, YUAN B, TANG S, et al. Biomechanical design analysis and experiments evaluation of a passive knee-assisting exoskeleton for weight-climbing [J]. Industrial Robot: An International Journal, 2018, 45 (4): 436-445.

[59] MOON D H, KIM D, HONG Y D. Development of a single leg knee exoskeleton and sensing knee center of rotation change for intention detection [J]. Sensors, 2019, 19 (18): 1-19.

［60］ PARK E J，AKBAS T，ECKERT-ERDHEIM A，et al. A hinge-free，non-restrictive，lightweight tethered exosuit for knee extension assistance during walking ［J］. IEEE Transactions on Medical Robotics and Bionics，2020，2（2）：165-175.

［61］ NIU Y，SONG Z，DAI J. Kinematic analysis and optimization of a planar parallel compliant mechanism for self-alignment knee exoskeleton ［J］. Mechanical Sciences，2018，9（2）：405-416.

［62］ SCHRADE S O，MENNER M，SHIROTA C，et al. Knee compliance reduces peak swing phase collision forces in a lower-limb exoskeleton leg: A test bench evaluation ［J］. IEEE Transactions on Biomedical Engineering，2021，68（2）：535-544.

［63］ CHEN B，ZI B，WANG Z Y，et al. Knee exoskeletons for gait rehabilitation and human performance augmentation: A state-of-the-art ［J］. Mechanism and Machine Theory，2019，134：499-511.

［64］ SARKISIAN S V，ISHMAEL M K，LENZI T. Self-aligning mechanism improves comfort and performance with a powered knee exoskeleton ［J］. IEEE Transactions on Neural Systems and Rehabilitation Engineering，2021，29（1）：629-640.

［65］ 马春生，尹晓秦，马振东，等. 下肢外骨骼的膝关节轴线自适应设计与尺度综合 ［J］. 兵工学报，2022，43（03）：653-660.

［66］ 李银波，汤子汉，季林红，等. 下肢外骨骼人机互连装置对关节内力的影响 ［J］. 清华大学学报（自然科学版），2019，59：544-550.

［67］ ZANOTTO D，AKIYAMA Y，STEGALL P，et al. Knee joint misalignment in exoskeletons for the lower extremities: Effects on user's gait ［J］. IEEE Transactions on Robotics，2015，31（4）：978-987.

［68］ STIENEN A H A，HEKMAN E E G，VAN DER HELM F C T，et al. Self-aligning exoskeleton axes through decoupling of joint rotations and translations ［J］. IEEE Transactions on Robotics，2009，25（3）：628-633.

［69］ CEMPINI M，DE ROSSI S M M，LENZI T，et al. Self-alignment mechanisms for assistive wearable robots: A kinetostatic compatibility method［J］. IEEE Transactions on Robotics，2013，29（1）：236-250.

［70］ SCHORSCH J F，KEEMINK A Q L，STIENEN A H A，et al. A novel self-aligning mechanism to decouple force and torques for a planar exoskeleton joint ［J］. Mechanical Sciences，2014，5（2）：29-35.

［71］ SINGH R，CHAUDHARY H，SINGH A K. A novel gait-based synthesis procedure for the design of 4-bar exoskeleton with natural trajectories［J］. Journal of Orthopaedic Translation，2018，12：6-15.

［72］ SINGH R，CHAUDHARY H，SINGH A K. A novel gait-inspired four-bar lower limb exoskeleton to guide the walking movement ［J］. Journal of Mechanics in Medicine and Biology，2019，19（4）：1950020.

［73］ SETH A，HICKS J L，UCHIDA T K，et al. OpenSim: Simulating musculoskeletal dynamics and neuromuscular control to study human and animal movement [J]. PLoS Computational Biology, 2018, 14 (7): 1-20.

[74] HYUN D J, PARK H, HA T, et al. Biomechanical design of an agile, electricity-powered lower-limb exoskeleton for weight-bearing assistance [J]. Robotics and Autonomous Systems, 2017, 95: 181-195.

[75] WITTE K A, FATSCHEL A M, COLLINS S H. Design of a lightweight, tethered, torque-controlled knee exoskeleton [C]// 2017 International Conference on Rehabilitation Robotics (ICORR), July 17-20, 2017, London, UK. New York: IEEE, c2017: 1646-1653.

[76] TUCKER M R, SHIROTA C, LAMBERCY O, et al. Design and characterization of an exoskeleton for perturbing the knee during gait [J]. IEEE Transactions on Biomedical Engineering, 2017, 64 (10): 2331-2343.

[77] CHAICHAOWARAT R, KINUGAWA J, KOSUGE K. Unpowered knee exoskeleton reduces quadriceps activity during cycling [J]. Engineering, 2018, 4 (4): 471-478.

[78] SASAKI D, NORITSUGU T, TAKAIWA M. Development of pneumatic lower limb power assist wear without exoskeleton [C]// 2012 IEEE/RSJ International Conference on Intelligent Robots and Systems, October 7-12, 2012, Algarve, Portugal. New York: IEEE, c2012: 1239-1244.

[79] CHANG Y, WANG W, FU C. A lower limb exoskeleton recycling energy from knee and ankle joints to assist push-off [J]. Journal of Mechanisms and Robotics-Transactions of the ASME, 2020, 12 (5): 051011.

[80] 李磊, 李腾飞, 戴建生, 等. 新型可重构线对称 Goldberg 6R 机构 [J]. 中南大学学报 (英文版), 2020, 27: 3754-3767.

[81] 王汝贵, 戴建生. 一种新型平面-空间多面体可重构变胞机构的设计与分析 [J]. 机械工程学报, 2013, 49: 29-35, 42.

[82] 李端玲, 戴建生, 张启先, 等. 基于构态变换的变胞机构结构综合 [J]. 机械工程学报, 2002, 38: 12-16.

[83] VALSAMOS C, MOULIANITIS V, ASPRAGATHOS N. Kinematic synthesis of structures for metamorphic serial manipulators [J]. Journal of Mechanisms and Robotics-Transactions of the ASME, 2014, 6 (4): 041005.

[84] WEI J, DAI J. Reconfiguration-aimed and manifold-operation based type synthesis of metamorphic parallel mechanisms with motion between 1R2T and 2R1T [J]. Mechanism and Machine Theory, 2019, 139: 66-80.

[85] CHAI X, DAI J S. Three novel symmetric waldron-bricard metamorphic and reconfigurable mechanisms and their isomerization [J]. Journal of Mechanisms and Robotics, 2019, 11 (5): 051011.

[86] LóPEZ-CUSTODIO P C, DAI J S. Design of a variable-mobility linkage using the bohemian dome [J]. Journal of Mechanical Design, 2019, 141 (9): 092303.

［87］丁希仑，徐坤. 一种新型变结构轮腿式机器人的设计与分析［J］. 中南大学学报（自然科学版），2009，40：91-101.

［88］潘宇晨，蔡敢为，王红州，等. 具有变胞功能的电动装载机构构态进化拓扑结构分析与基因建模［J］. 机械工程学报，2014，50：38-46.

［89］赵欣，康熙，戴建生. 四足变胞爬行机器人步态规划与运动特性［J］. 中南大学学报（自然科学版），2018，49：2168-2177.

［90］郭旺旺，李瑞琴，宁峰平. 用于人体关节的 P（2-RPS）&U 可重构康复机构及运动学分析［J］. 机械传动，2019，43：35-40.

［91］张硕，姚建涛，许允斗，等. 形态可重构移动机器人行走机构设计与分析［J］. 农业机械学报，2019，50：418-426.

［92］SLEESONGSOM S，BUREERAT S. Four-bar linkage path generation through self-adaptive population size teaching-learning based optimization［J］. Knowledge-Based Systems，2017，135：180-191.

［93］EQRA N，ABIRI A H，VATANKHAH R. Optimal synthesis of a four-bar linkage for path generation using adaptive PSO［J］. Journal of the Brazilian Society of Mechanical Sciences and Engineering，2018，40（9）：1-11.

［94］SLEESONGSOM S，BUREERAT S. Optimal synthesis of four-bar linkage path generation through evolutionary computation with a novel constraint handling technique［J］. Computational Intelligence and Neuroscience，2018：5462563.

［95］BAI S. Determination of linkage parameters from coupler curve equations［C］//The Third Conference on Mechanisms，Transmissions and Applications，May 06-08，2015，Aachen，Germany. Berlin:Springer，c2015：49-57.

［96］BAI S. Exact synthesis of cognate linkages with algebraic coupler curves［C］// The 14th IFToMM World Congress，October 25-30，2015，Taipei，China［S.l.］IF To MM，c2015：210-216.

［97］BAI S，ANGELES J. Coupler-curve synthesis of four-bar linkages via a novel formulation［J］. Mechanism and Machine Theory，2015，94：177-187.

［98］SHARMA S，PURWAR A，JEFFREY GE Q. An optimal parametrization scheme for path generation using fourier descriptors for four-bar mechanism synthesis［J］. Journal of Computing and Information Science in Engineering，2018，19（1）：014501.

［99］LI X G，WEI S M，LIAO Q Z，et al. A novel analytical method for four-bar path generation synthesis based on Fourier series［J］. Mechanism and Machine Theory，2020，144：103671.

［100］BAI S，WU R，LI R. Exact coupler-curve synthesis of four-bar linkages with fully analytical solutions［C］// 17th International Symposium Advances in Robot Kinematics，June 28-July 2，2020，Ljubljana，Slovenia. Berlin：Springer International Publishing，c2020：82-89.

［101］WU R，LI R，BAI S. A fully analytical method for coupler-curve synthesis of planar four-bar linkages ［J］. Mechanism and Machine Theory，2021，155：104070.

［102］BAI S. A note on the univariate nonic derived from the coupler curve of four-bar linkages ［J］. Mechanism and Machine Theory，2021，162：1-10.

［103］BUSKIEWICZ J. Reduced number of design parameters in optimum path synthesis with timing of four-bar linkage ［J］. Journal of Theoretical and Applied Mechanics 2018，56（1）：43-55.

［104］CLAUDIO M，KRAMER S. Kinematic synthesis and analysis of the rack-and-gear mechanism for four-point path generation with prescribed input timing ［J］. Journal of Mechanisms，Transmissions，and Automation in Design，1986，108（1）：10-14.

［105］MCGARVA J R. Rapid search and selection of path generating mechanisms from a library ［J］. Mechanism and Machine Theory，1994，29（2）：223-235.

［106］MORGAN A P，WAMPLER C W. Solving a planar four-bar design problem using continuation ［J］. Journal of Mechanical Design，1990，112：544-550.

［107］LIU A X，YANG T L. Finding all solutions to unconstrained nonlinear optimization for approximate synthesis of planar linkages using continuation method ［J］. Journal of Mechanical Design，1999，121（3）：368-374.

［108］EBRAHIMI S，PAYVANDY P. Efficient constrained synthesis of path generating four-bar mechanisms based on the heuristic optimization algorithms ［J］. Mechanism and Machine Theory，2015，85：189-204.

［109］CABRERA J A，SIMON A，PRADO M. Optimal synthesis of mechanisms with genetic algorithms ［J］. Mechanism and Machine Theory，2002，37（10）：1165-1177.

［110］CABRERA J A，ORTIZ A，NADAL F，et al. An evolutionary algorithm for path synthesis of mechanisms ［J］. Mechanism and Machine Theory，2011，46（2）：127-141.

［111］WAMPLER C W，MORGAN A P，SOMMESE A J. Complete solution of the nine-point path synthesis problem for four-bar linkages ［J］. Journal of Mechanical Design，1992，114（1）：153-159.

［112］MCGOVERN J F，SANDOR G N. Kinematic synthesis of adjustable mechanisms——Part 2：Path generation ［J］. Journal of Engineering for Industry，1973，95（2）：423-429.

［113］BAI S，WANG D，DONG H. A unified formulation for dimensional synthesis of stephenson linkages ［J］. Journal of Mechanisms and Robotics-Transactions of the ASME，2016，8（4）：021005.

［114］WU R，LI R，LIANG H，et al. A unified synthesis method for timing-path generation of planar four-bar linkages ［J］. Mechanics Based Design of Structures and Machines，2021，2004164.

［115］ZHAO P，GE X，ZI B，et al. Planar linkage synthesis for mixed exact and approximated motion realization via kinematic mapping ［J］. Journal of Mechanisms and Robotics-Transactions of the

ASME, 2016, 8 (5): 1-8.

[116] ZHAO P, LI X, ZHU L, et al. A novel motion synthesis approach with expandable solution space for planar linkages based on kinematic-mapping [J]. Mechanism and Machine Theory, 2016, 105: 164-175.

[117] BAI S, LI Z, LI R. Exact synthesis and input-output analysis of 1-DOF planar linkages for visiting 10 poses [J]. Mechanism and Machine Theory, 2020, 143: 1-15.

[118] KHAN N, ULLAH I, AL-GRAFI M. Dimensional synthesis of mechanical linkages using artificial neural networks and fourier descriptors [J]. Mechanical Sciences, 2015, 6 (1): 29-34.

[119] TONG Y, MYSZKA D H, MURRAY A P. Four-bar linkage synthesis for a combination of motion and path-point generation [C] // the ASME 2013 International Design Engineering Technical Conferences and Computers and Information in Engineering Division, August 4-7, 2013, Portland, US New York: ASME, c2013: 1-10.

[120] BRAKE D A, HAUENSTEIN J D, MURRAY A P, et al. The complete solution of alt-burmester synthesis problems for four-bar linkages [J]. Journal of Mechanisms and Robotics-Transactions of the ASME, 2016, 8 (4): 041018.

[121] ZIMMERMAN R A Ⅱ. Planar linkage synthesis for mixed motion, path, and function generation using poles and rotation angles [J]. Journal of Mechanisms and Robotics-Transactions of the ASME, 2018, 10 (2): 1-8.

[122] SHARMA S, PURWAR A, JEFFREY GE Q. A motion synthesis approach to solving Alt-Burmester problem by exploiting fourier descriptor relationship between path and orientation data [J]. Journal of Mechanisms and Robotics-Transactions of the ASME, 2019, 11 (1): 011016.

[123] ACHARYYA S K, MANDAL M. Performance of EAs for four-bar linkage synthesis [J]. Mechanism and Machine Theory, 2009, 44 (9): 1784-1794.

[124] LIN W Y. A GA-DE hybrid evolutionary algorithm for path synthesis of four-bar linkage [J]. Mechanism and Machine Theory, 2010, 45 (8): 1096-1107.

[125] KIM J W, JEONG S, KIM J, et al. Numerical hybrid taguchi-random coordinate search algorithm for path synthesis [J]. Mechanism and Machine Theory, 2016, 102: 203-216.

[126] ZHANG K, HUANG Q, ZHANG Y, et al. Hybrid Lagrange interpolation differential evolution algorithm for path synthesis [J]. Mechanism and Machine Theory, 2019, 134: 512-540.

[127] KUNJUR A, KRISHNAMURTY S. Genetic algorithms in mechanism synthesis [J]. Journal of Applied Mechanisms and Robotics, 1997, 4 (2): 18-24.

[128] BLECHSCHMIDT J L, UICKER J J. Linkage synthesis using algebraic curves [J]. Journal of Mechanical Design, 1986, 108 (4): 543-548.

［129］WU W T. Basic principles of mechanical theorem proving in elementary geometries ［J］. Journal of Automated Reasoning，1986，2（3）：221-252.

［130］WALKER P S，KUROSAWA H，ROVICK J S，et al. External knee joint design based on normal motion ［J］. Journal of Rehabilitation Research and Development，1985，22（1）：9-22.

［131］SCHERTZER E，RIEMER R. Metabolic rate of carrying added mass：A function of walking speed，carried mass and mass location ［J］. Applied Ergonomics，2014，45（6）：1422-1432.

［132］KAFASH S H，NAHVI A. Optimal synthesis of four-bar path generator linkages using circular proximity function ［J］. Mechanism and Machine Theory，2017，115：18-34.

［133］HADIZADEH KAFASH S，NAHVI A. Optimal synthesis of four-bar motion generator linkages using circular proximity function[J]. Proceedings of the Institution of Mechanical Engineers，Part C：Journal of Mechanical Engineering Science，2017，231（5）：892-908.

［134］ZHOU H，CHEUNG E H M. Optimal synthesis of crank-rocker linkages for path generation using the orientation structural error of the fixed link ［J］. Mechanism and Machine Theory，2001，36（8）：973-982.

［135］PONS J L. 可穿戴机器人：生物机电一体化外骨骼 ［M］. 北京：国防工业出版社，2017.

［136］HOWELL L L，MIDHA A. Parametric deflection approximations for end-loaded，large-deflection beams in compliant mechanisms ［J］. Journal of Mechanical Design，1995，117（1）：156-165.

［137］HOWELL L L，MIDHA A. A method for the design of compliant mechanisms with small-length flexural pivots ［J］. Journal of Mechanical Design，1994，116（1）：280-290.

［138］HOWELL L L，MIDHA A，NORTON T W. Evaluation of equivalent spring stiffness for use in a pseudo-rigid-body model of large-deflection compliant mechanisms ［J］. Journal of Mechanical Design，1996，118（1）：126-131.

［139］HOWELL L L. Compliant mechanisms ［M］. London：Springer，2013：189-216.

［140］ROCON E，RUIZ A F，PONS J L，et al. Rehabilitation robotics：A wearable exo-skeleton for tremor assessment and suppression ［C］// 2005 IEEE International Conference on Robotics and Automation，April 18-22，2005，Barcelona，Spain. New York：IEEE，c2005：2271-2276.

［141］ROCON E，MANTO M，PONS J，et al. Mechanical suppression of essential tremor ［J］. The Cerebellum，2007，6（1）：73-78.

［142］HIDLER J M，WALL A E. Alterations in muscle activation patterns during robotic-assisted walking ［J］. Clinical Biomechanics，2005，20（2）：184-193.

［143］SHENG B，TANG L，XIE S，et al. Alterations in muscle activation patterns during robot-assisted bilateral training：A pilot study ［J］. Proceedings of the Institution of Mechanical Engineers，Part H：Journal of Engineering in Medicine，2019，233（2）：219-231.

[144] SHAFIEI M, BEHZADIPOUR S. Adding backlash to the connection elements can improve the performance of a robotic exoskeleton [J]. Mechanism and Machine Theory, 2020, 152: 1-11.

[145] LEE B, LEE S C, HAN C S. Design of fixations for an exoskeleton device with joint axis misalignments [J]. International Journal of Precision Engineering and Manufacturing, 2020, 21 (7): 1291-1298.

[146] LI J, ZUO S, XU C, et al. Influence of a compatible design on physical human-robot interaction force: A case study of a self-adapting lower-limb exoskeleton mechanism [J]. Journal of Intelligent & Robotic Systems, 2020, 98 (2): 525-538.

[147] NAF M B, JUNIUS K, ROSSINI M, et al. Misalignment compensation for full human-exoskeleton kinematic compatibility: State of the art and evaluation [J]. Applied Mechanics Reviews, 2018, 70 (5): 050802.

[148] YANG W, YANG C J, XU T. Human hip joint center analysis for biomechanical design of a hip joint exoskeleton [J]. Frontiers of Information Technology & Electronic Engineering, 2016, 17 (8): 792-802.

[149] DENG Y, LIU J. Flexible mechanical joint as human exoskeleton using low-melting-point alloy [J]. Journal of NeuroEngineering and Rehabilitation, 2014, 8 (4): 044506.

[150] CAO Q, LI J, DONG M. Comparative analysis of three categories of four-DOFs exoskeleton mechanism based on relative movement offsets [J]. Industrial Robot: The International Journal of Robotics Research and Application, 2022, 49 (4): 672-687.

[151] AWAD M I, HUSSAIN I, GHOSH S, et al. A double-layered elbow exoskeleton interface with 3-PRR planar parallel mechanism for axis self-alignment [J]. Journal of Mechanisms and Robotics-Transactions of the ASME, 2021, 13 (1): 011016.

[152] GHONASGI K, YOUSAF S N, ESMATLOO P, et al. A modular design for distributed measurement of human-robot interaction forces in wearable devices [J]. Sensors, 2021, 21 (4): 1-17.

[153] LI J, CAO Q, DONG M, et al. Compatibility evaluation of a 4-DOF ergonomic exoskeleton for upper limb rehabilitation [J]. Mechanism and Machine Theory, 2021, 156: 1-15.

[154] MASUD N, SENKIC D, SMITH C, et al. Modeling and control of a 4-ADOF upper-body exoskeleton with mechanically decoupled 3-D compliant arm-supports for improved-pHRI [J]. Mechatronics, 2021, 73: 102406.

[155] JARRASSE N, MOREL G. Connecting a human limb to an exoskeleton [J]. IEEE Transactions on Robotics, 2012, 28 (3): 697-709.

[156] JIANFENG L, ZIQIANG Z, CHUNJING T, et al. Structure design of lower limb exoskeletons for gait training [J]. Chinese Journal of Mechanical Engineering, 2015, 28 (5): 878-887.

［157］LI J，CAO Q，ZHANG C，et al. Position solution of a novel four-DOFs self-aligning exoskeleton mechanism for upper limb rehabilitation ［J］. Mechanism and Machine Theory，2019，141：14-39.

［158］TRIGILI E，CREA S，MOISE M，et al. Design and experimental characterization of a shoulder-elbow exoskeleton with compliant joints for post-stroke rehabilitation ［J］. IEEE/ASME Transactions on Mechatronics，2019，24（4）：1485-1496.

［159］BALASUBRAMANIAN S，GUGULOTH S，MOHAMMED J S，et al. A self-aligning end-effector robot for individual joint training of the human arm ［J］. Journal of Rehabilitation and Assistive Technologies Engineering，2021，8：1-14.

［160］陈豫生，张琴，熊蔡华. 截瘫助行外骨骼研究综述：从拟人设计依据到外骨骼研究现状 ［J］. 机器人，2021，43：585-605.